Curzio Vivarelli

# Supergleiter
## aus Papier und Balsaholz

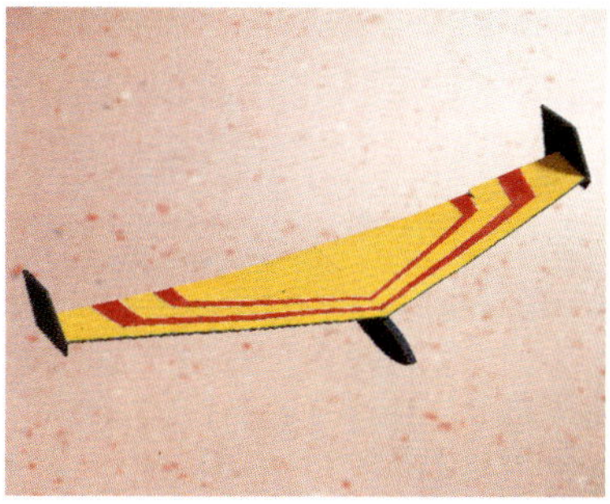

Curzio Vivarelli

# Supergleiter

## aus Papier und Balsaholz schnell gebaut

Mit Fluggarantie

Augustus Verlag

# Inhalt

# Einleitung

Bestimmt haben Sie schon oft aus einem Bogen Papier einen kleinen Flieger gefaltet und sich gefreut, wenn er besonders schön flog. Papier ist ein sehr geduldiges Material und setzt Ihrer Phantasie beim Bau eines Fliegers kaum Grenzen. Doch die Papierflieger gehorchen denselben aerodynamischen Gesetzen wie ihre großen Vorbilder, die Flugzeuge, oder wie Vögel im Gleitflug. Für gute Flugeigenschaften müssen also ein paar Regeln beachtet werden.
Für die Modelle in diesem Buch wurden echte Flugzeuge und Vogelarten zum Vorbild genommen. Sie haben Flügel, Rumpf und Leitwerk. Ihre Flügel haben ein richtiges Profil – ähnlich dem der Vögel –, haben eine V-Stellung und werden durch einen eingebauten Holm der Länge nach verstärkt.

*Einfaches Material: Papier, Karton, Balsaholz. Schnell ausgeschnitten, verklebt. Das Supergleiten mit den kleinen Modellfliegern kann beginnen. Wer es schöner haben will: einfach bunt bemalen mit Plakat- oder Acrylfarben.*

Im ersten Kapitel wird allgemeinverständlich die zugrundeliegende Aerodynamik vermittelt, damit Sie das Prinzip des Fluges besser verstehen und somit bessere Modelle bauen. Anhand eines Modells werden Sie im zweiten Kapitel in die Papierbauweise eingeführt. Lesen Sie dieses Kapitel auch dann, wenn Sie gleich mit Balsamodellen beginnen möchten. Es enthält einige wichtige Informationen. Am gleichen Modell wird im dritten Kapitel die Bauweise in Balsaholz vorgestellt. Bauen Sie beide Varianten einmal nach, um die Techniken zu üben. Danach sind Sie in der Lage, alle Modelle anhand der Schnitt- und Baupläne zu bauen oder mit eigenen Entwürfen zu experimentieren – und Spaß beim Fliegen zu haben.

# Aerodynamik

Das Verständnis der Grundlagen kann Ihnen helfen, Modelle mit besseren Flugeigenschaften zu bauen. Schrecken Sie also nicht vor diesem Kapitel zurück, zumal es nicht sehr theoretisch wird und sich auf die wesentlichen Punkte beschränkt.



## Auftriebsprinzip

Flügel von Vögeln und Flugzeugen sind vom Prinzip her ähnlich. Es sind flache Körper, die quer zur Flugrichtung gestellt sind. Ihr Querschnitt ist stromlinienförmig und meist leicht nach oben gewölbt. Den Querschnitt bezeichnet man als Profil. Die Profildicke ist bei Flugzeugen meist größer als bei Vögeln. Die meisten Vögel haben zudem ein auf der Unterseite stark konkaves Profil, das einen besseren Vortrieb beim Flügelschlagen bietet. Die Vorderseite des Flügels wird auch als Flügelnase bezeichnet. Den Winkel zwischen Flügel und Fahrtwind nennt man Anstellwinkel.
Der Auftrieb eines Flügels setzt sich aus zwei Komponenten zusammen. Auf der Flügelunterseite bildet sich ein leichter Überdruck und auf der Oberseite ein Unterdruck (siehe Bild Seite 6). Letzterer trägt den größeren Teil zum Auftrieb bei.
Der Unterdruck entsteht dadurch, daß die Luft auf der Oberseite schneller strömen muß, um den etwas längeren Weg zurückzulegen. Das dahinterstehende physikalische Prinzip läßt sich leicht erfahren. Halten Sie einen Löffel an seinem Stielende locker zwischen zwei Fingern. Lassen Sie ihn nach unten hängen, und halten Sie ihn mit der Rückseite gegen einen Strahl aus dem Wasserhahn. Der Löffel wird von dem Strahl angesaugt.

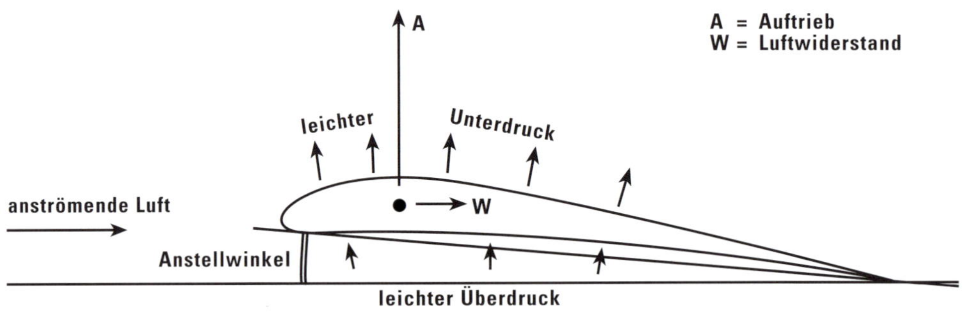


*Auf der Oberseite des Flügels strömt die Luft mit erhöhter Geschwindigkeit. Dadurch entsteht ein Unterdruck. Auf der Unterseite staut sich die Luft, was einen leichten Überdruck zur Folge hat. Beides trägt zum Auftrieb bei. Sowohl Auftrieb als auch Luftwiderstand nehmen mit höherer Fluggeschwindigkeit und mit vergrößertem Anstellwinkel zu.*

Eine Vergrößerung des Anstellwinkels sorgt für eine Erhöhung des Auftriebs. Ist der Winkel jedoch zu groß, so kann die Luft den Flügel auf der Oberseite nicht mehr gleichmäßig umströmen – die Strömung reißt ab (siehe Bild unten). Dadurch wird der Sog auf der Oberseite stark vermindert. Außerdem nimmt der Luftwiderstand eines Flügelsmit größerem Anstellwinkel zu. Daraus folgt, daß es einen optimalen Anstellwinkel gibt, bei dem das Flugzeug aus einer bestimmten Höhe am weitesten gleiten kann.

## Der Gleitflug

Während eines geraden Gleitfluges wirken mehrere Kräfte, die sich gegenseitig die Waage halten. Der vom Fahrtwind angeströmte Flügel erzeugt einen Auftrieb, der der Schwerkraft entgegenwirkt. Gleichzeitig bremst der Fahrtwind den Flügel, so daß das Flugzeug eines Vortriebs bedarf, den es aus dem Sinkflug erhält. Für einen langen Gleitflug ist daher der Luftwiderstand möglichst gering zu halten. Die wirkenden Kräfte faßt man so zusammen, daß Auftrieb und Luftwiderstand gemeinsam am sogenannten Druckpunkt angreifen, während die Schwerkraft am Schwerpunkt angreift. Der Schwer-



*Ein Flügel im Querschnitt. Am Ende der Oberseite des Flügels entstehen Wirbel. Ist der Anstellwinkel zu groß, so bilden sich die Wirbel bereits im vorderen Bereich, wodurch der Unterdruck auf der Flügeloberseite und damit der Auftrieb stark vermindert wird. Man spricht von einem „Abreißen der Strömung".*

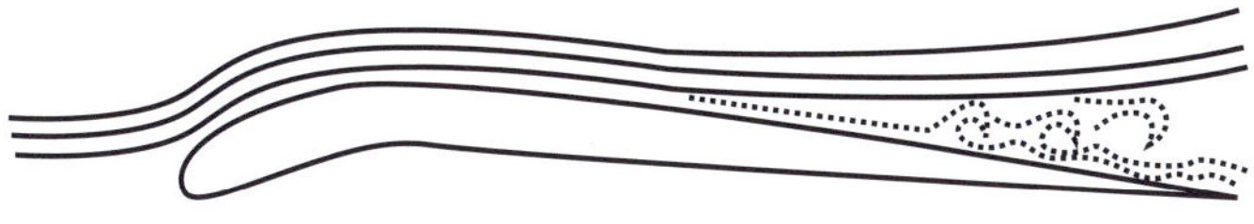

punkt ist die Stelle, wo man das Flugzeug auf einer Fingerspitze balancieren könnte. Bei einem Gleitflug sollten beide Punkte möglichst dicht zusammenliegen. Die exakte Lage des Druckpunkts hängt von der Geometrie des Flügels, von der Fluggeschwindigkeit und bei manchen Profilen vom Anstellwinkel ab. Er liegt von der Flügelnase aus gemessen bei einem Fünftel bis einem Viertel der Flügeltiefe.
In der Regel liegt der Schwerpunkt bei Flugmodellen zunächst viel zu weit hinten und muß durch Ballast an der Rumpfspitze nach vorne verlagert werden. Liegt der Schwerpunkt falsch, so stellt sich beim Gleitflug ein schlechter Anstellwinkel ein und das Flugzeug fliegt nicht optimal. Ist der Schwerpunkt zu weit vorne, so fliegt das Flugzeug zwar stabil, aber sehr schnell und in einem zu steilen Winkel nach unten. Wird der Schwerpunkt allmählich nach hinten verlegt, so wird die Flugbahn immer flacher und die Geschwindigkeit verringert sich. Schließlich ist der Punkt erreicht, wo das Flugzeug die größte Strecke aus einer bestimmten Höhe zurücklegen kann. Wird der Schwerpunkt noch weiter nach hinten verlegt, so fängt der Flug bald an, instabil zu werden. Das Flugzeug geht mit seiner Nase immer weiter nach oben und verliert dabei an Geschwindigkeit, bis es fast stehenbleibt, nach vorn überkippt und in einem mehr oder weniger steilen Sturzflug wieder an Fahrt gewinnt. Darauf wiederholt sich der Vorgang von neuem. Diese Bewegung wird „Pumpen" genannt.

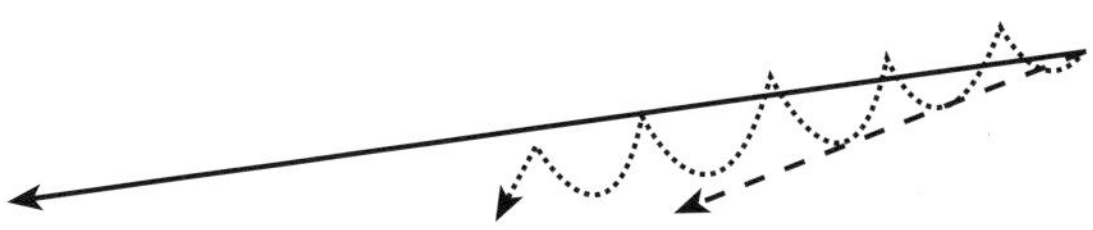

*Liegt der Schwerpunkt zu weit vorne, fliegt das Modell mit einem unnötig großen Gleitwinkel zu Boden. Liegt er zu weit hinten, beschreibt das Modell eine Wellenbewegung, man spricht vom „Pumpen". Nur mit einem exakt ausbalancierten Modell ist ein langgestreckter Gleitflug möglich.*

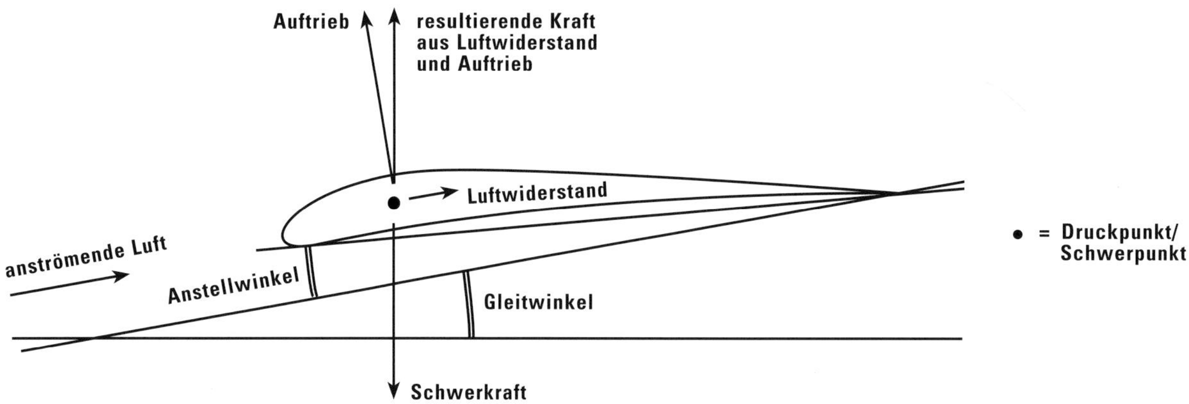


*In einem sauberen Gleitflug befinden sich die drei wichtigsten Kräfte, Auftrieb, Luftwiderstand und Schwerkraft, im Gleichgewicht.*
*Auftrieb und Widerstand kann man sich zu einer resultierenden Kraft vereint vorstellen, die am sogenannten Druckpunkt angreift. Das Flugmodell muß mit Ballast so ausbalanciert sein, daß der Schwerpunkt und der Druckpunkt zusammenfallen. Der Gleitwinkel ergibt sich aus dem Verhältnis von Luftwiderstand und Auftrieb.*

# Flügelprofile

Es gibt viele verschiedene Flügelprofile, die jeweils bestimmte Vor- und Nachteile haben. Selbst ein einfaches Brett oder ein Streifen Karton lassen sich als Profil ansehen. Sie bieten zwar einen relativ hohen Luftwiderstand bei geringem Auftrieb, haben aber wie alle Profile, deren Ober- und Unterseite gleich sind, einen Druckpunkt, der sich nicht mit dem Anstellwinkel verschiebt. Das kann manchmal von entscheidender Bedeutung für den Flug sein, wie wir weiter unten sehen werden.
Ideale Profile in bezug auf Auftrieb und Widerstand, wie sie bei Segelflugzeugen und Vögeln zu finden sind, haben ein asymmetrisches Profil. Die Oberseite ist viel stärker gewölbt als die Unterseite, manchmal ist die Unterseite sogar konkav. Diese Profile haben den Nachteil, daß ihr Druckpunkt sich mit zunehmendem Anstellwinkel nach vorne verschiebt. Ohne ein stabilisierendes Leitwerk hat das zur Folge, daß der Druckpunkt sich immer rascher vom Schwerpunkt entfernt und sich keine stabile Fluglage einstellt.

Außerdem ist das Abreißen der Strömung in extremen Flugsituationen bei diesen Profilen abrupter als bei anderen Profilen, weshalb sie leichter ins Trudeln geraten.
Eine Variation asymmetrischer Profile ist der sogenannte S-Schlag. Hierbei ist die Hinterkante des Flügels leicht nach oben gezogen. Ein S-Schlag kann einen festen Druckpunkt zur Folge haben oder sogar einen, der sich mit wachsendem Anstellwinkel nach hinten verschiebt. Flügel mit S-Schlag haben jedoch einen leicht erhöhten Luftwiderstand.

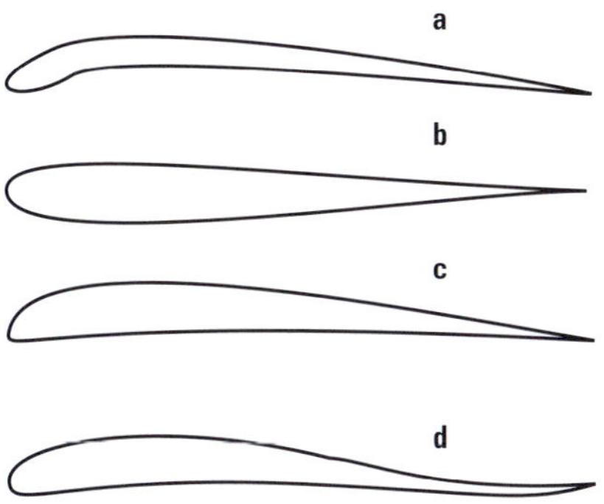


*Unterschiedliche Flügelprofile haben Vor- und Nachteile:*
*a Ein Vogelflügel bietet einen hohen Auf- und Vortrieb beim Flügelschlagen.*
*b Ein symmetrisches Profil hat einen festen Druckpunkt und die Strömung reißt nicht so leicht ab. Es ist ideal beim Kunstflug und für Höhenleitwerke.*
*c Maximalen Auftrieb bei minimalem Widerstand erreicht man nur mit asymmetrischen Profilen. Profile dieser Art erhalten große Segelflugzeuge.*
*d Ein Profil mit S-Schlag bewirkt, daß der Druckpunkt stabil ist oder sich sogar mit größerem Anstellwinkel nach hinten verschiebt. Außerdem reißt die Strömung nicht so leicht ab. Es ist die erste Wahl bei Nurflügel-Modellen.*

## Luftwiderstand

Nicht nur Flügelprofil und Anstellwinkel beeinflussen den Luftwiderstand, auch die Form von Flügel, Rumpf und Leitwerk spielt eine wichtige Rolle. Im allgemeinen sind langgestreckte Flügel kurzen Flügeln mit größerer Tiefe überlegen (denken Sie an die grazilen Segelflugzeuge.)

Darüber hinaus wird man bestrebt sein, die Fläche, die vom Fahrtwind angeströmt wird, so klein wie möglich zu halten und allen Teilen eine aerodynamische Form zu geben.

Bei einem Nurflügler spart man sich die Luftreibung an Rumpf und Leitwerk. Leider wird dieser Vorteil dadurch geschmälert, daß für einen stabilen Flug Flügelprofile mit S-Schlag erforderlich werden, die einen höheren Luftwiderstand haben.

Ein großer Beitrag zum Luftwiderstand entsteht an den Flügelenden. Dort können sich die Druckunterschiede von Ober- und Unterseite durch eine Strömung um die Enden herum ausgleichen, was zu Wirbeln führt, die viel Energie aufzehren.

Die Wirbelbildung läßt sich auf verschiedene Weise verringern. Man kann an die Flügelenden feste Leitwerke anbringen (siehe Seite 16/17). Oder man kann die Flügel so gestalten, daß sie an ihren Enden einen verminderten Auftrieb haben. Möglich ist das zum Beispiel durch eine zugespitzte Flügelform oder durch einen leichten S-Schlag. Fast alle unsere Modelle kombinieren die beiden letzten Methoden.

## Stabilisierung des Fluges

Für einen guten Flug ist es wichtig, daß das Flugzeug nach einer kleinen Störung, zum Beispiel durch eine Windböe, wieder in die optimale Fluglage zurückkehrt.

Um das Flugzeug um die Querachse stabil zu halten, befindet sich normalerweise am Ende des Rumpfes das Höhenleitwerk, ein kleiner Flügel (auch Heckflügel bezeichnet), der keinen Auftrieb erzeugt. Eine Stabilisierung läßt sich aber auch erreichen, wenn das Höhenleitwerk vor dem Hauptflügel angebracht wird und einen so großen Anstellwinkel erhält, daß die Strömung beim Flug kurz vor dem Abreißen ist. Vorteil dabei ist, daß das Leitwerk zum Auftrieb beiträgt. Diese Flugzeugform nennt man des Aussehens halber Entenflugzeug.

Bei Nurflüglern, ein Flugzeugtyp ohne Höhenleitwerk, nimmt man ein Profil mit einem starken S-Schlag.

Das Flugzeug wird um die Längsachse stabilisiert, wenn die Flügel – von vorne gesehen – eine V-Form haben. Neigt sich das Flugzeug zur einen Seite, so wird der Auftrieb auf dieser Seite größer und das Flugzeug kehrt in seine Ausgangslage zurück.

Das Drehen um die Hochachse wird meist durch ein Seitenleitwerk am Ende des Rumpfes verhindert. Ebenfalls sanft stabilisierend wirkt eine Pfeilform der Flügel. Dreht sich eine Seite mehr nach



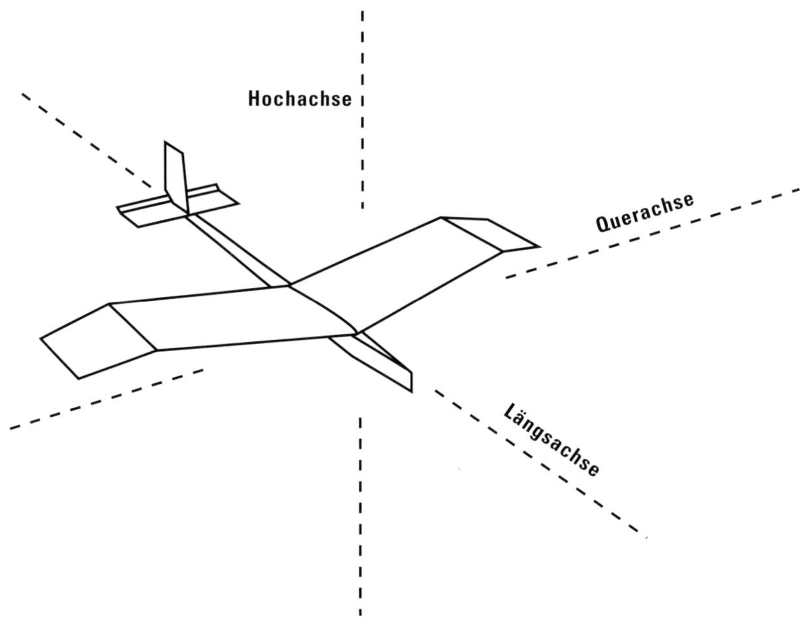


*Leitwerk und Flügelgeometrie müssen das Modell während des Gleitfluges um die Hoch-, Längs- und Querachse stabilisieren.*

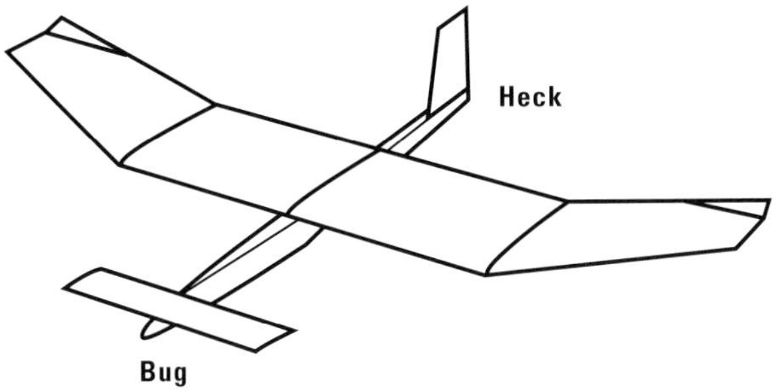


*Die Besonderheit eines Entenflugzeuges ist das vorne angebrachte Höhenleitwerk. Der Anstellwinkel dieses kleinen Flügels ist so groß, daß es zu einem Strömungsabriß kommt, wenn die Flugzeugspitze noch weiter nach oben geht. Dadurch verringert sich der Auftrieb des Leitwerks und das Flugzeug kehrt zu seiner stabilen Lage zurück.*

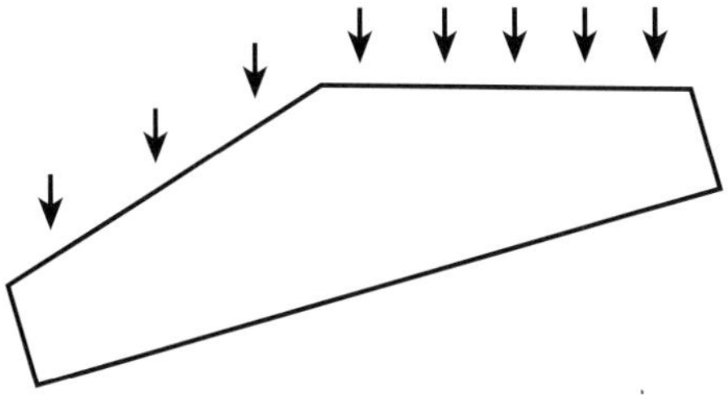

*Ein pfeilförmiger Flügel bringt eine zusätzliche sanfte Richtungsstabilität. Die nach vorne geschobene Seite erleidet einen höheren Luftwiderstand als die andere, wodurch das Flugzeug wieder gerade gedreht wird.*

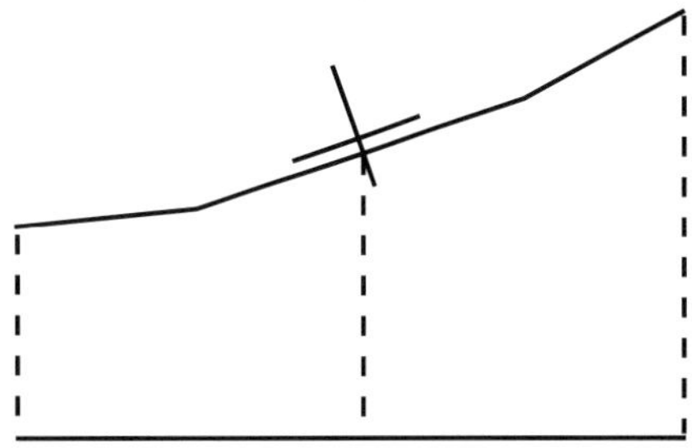

*Kippt ein Flugzeug nach einer Seite – man nennt diese Bewegung „Rollen" –, so bewirkt die V-Stellung, daß die tiefere Flügelhälfte einen größeren Auftrieb erzeugt als die höhere. Dadurch kehrt das Flugzeug zurück in die horizontale Fluglage.*



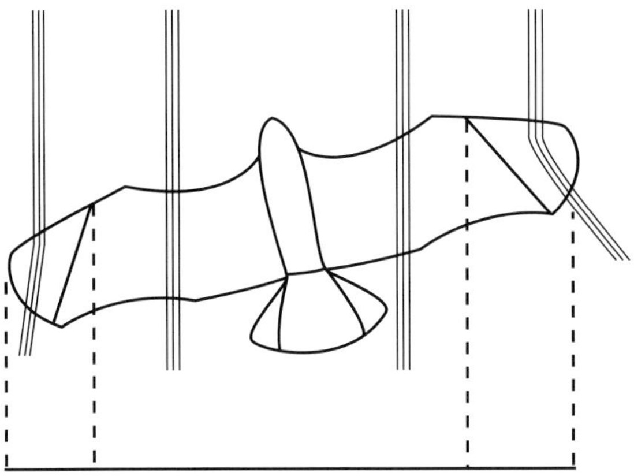

**Ansicht von oben**

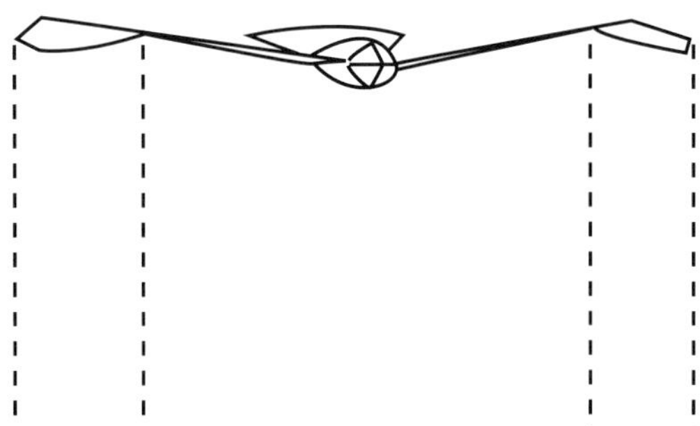

**Ansicht von vorne**

*Die nach vorne und unten abgewinkelten Enden des Möwenflügels stabilisieren den Geradeausflug des Modells. Dreht sich eine Seite nach vorne, so erhöht sich bei ihr der Luftwiderstand und es verringert sich der Auftrieb. Das Modell kehrt im sanften Bogen zu seiner korrekten Flugrichtung zurück.*

vorne, so erfährt sie einen größeren Luftwiderstand, was das Flugzeug wieder in die Ausgangslage bringt. Beim Möwenflügel übernehmen die schräg abgeknickten Flügelenden die Aufgabe, die Flugrichtung zu stabilisieren. Das Bild Seite 11 unten links verdeutlicht das. Dreht sich das Flugmodell (oder der Vogel) etwas, so wird der vorgeschobene Flügel durch die anströmende Luft stärker abgebremst und gleichzeitig ein wenig nach unten gedrückt, wodurch sich wieder ein gerader Flug einstellt.
Manche Flugzeugtypen – insbesondere Nurflügler – neigen dazu, in eine schlingernde Pendelbewegung zu verfallen. Man nennt diese Dutch Roll. Um das zu verhindern, ist es günstig, wenn das Hauptgewicht in der Flugzeugmitte liegt, wenn sich also die Flügel zu ihren Enden hin stark zuspitzen. Die Neigung zum Dutch Roll wird auch verringert, wenn sich vor dem Schwerpunkt senkrechte, zur Flugrichtung parallele Flächen befinden (wie bei unseren Modellen die Rümpfe). Des weiteren sollte die V-Stellung nicht zu stark sein, insbesondere bei pfeilförmigen Flügeln kann sie sich negativ auswirken. Ein sehr gutes Mittel gegen Dutch Roll sind herabgezogene Flügelenden, wie sie für den Möwenflügel typisch sind.



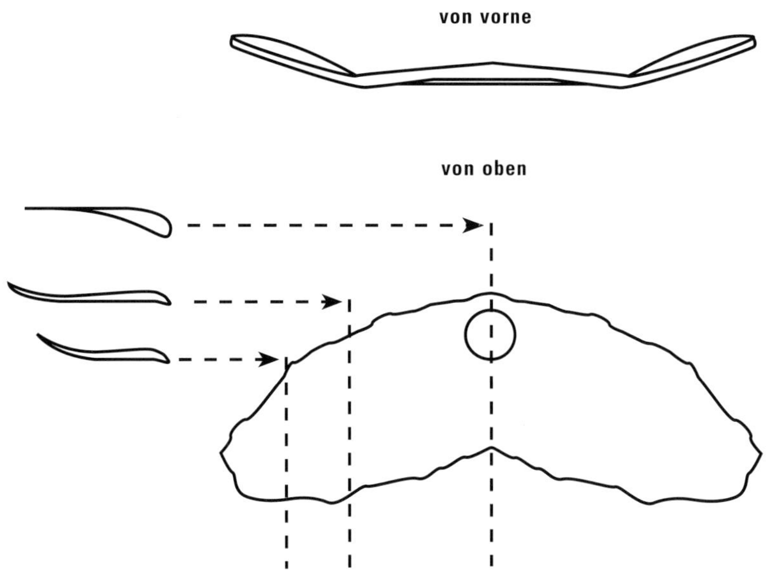


*Der Flugsamen der Zanonia ist ein perfekter Gleiter. Am Anfang dieses Jahrhunderts diente er den Segelflugpionieren als Vorbild. Das Flügelprofil ändert sich von der Mitte zu den Enden hin. In der Mitte erzeugt das Profil einen größtmöglichen Auftrieb, während es an den Enden durch den S-Schlag für die Querstabilität sorgt. W-Stellung und Pfeilform geben die nötige Längs- und Richtungsstabilität.*

## Baumeister Natur

Im Pflanzenreich gibt es ein besonders interessantes Vorbild, bei dem viele aerodynamische Prinzipien realisiert sind. Es ist der Samen der „Zanonia", einem Kletterstrauch, der im Malaiischen Archipel beheimatet ist. Dieser Samen ist ein echter Nurflügler. Seine Spannweite beträgt 12 bis 15 cm und seine Flügeltiefe etwa 5 cm. Seine beiden Flügelhälften sind praktisch symmetrisch. Der eigentliche Samenkörper befindet sich auf der Symmetrieachse ziemlich nahe an der „Nase" des Flügels, so daß der Schwerpunkt an der richtigen Stelle liegt. Der Flügel hat eine Pfeilform, wobei sich die Tiefe des Flügels zu den Rändern hin verringert. In der Mitte ist das Profil relativ dick, an den Seiten hat es Papierstärke. Außerdem hat das Profil an den Flügelenden einen ausgeprägten S-Schlag. Von vorne hat der Flügel eine W-Form.
Wegen seines ausgesprochen guten Gleitfluges diente dieser Samen als Vorbild während der Pionierzeit des Segelfluges – unter anderem dem Nurflügler Charlotte B1 von H. Winter (1922), der wiederum Vorbild für eines unserer Modelle ist. Selbstverständlich dürfen Vögel mit ihren perfekten Flugkünsten nicht unter den Vorbildern fehlen. Eines unserer Modelle lehnt sich in Aussehen und Aerodynamik einer Möwe, ein anderes einem Bussard an. Die restlichen Modelle haben bestimmte historische Segelflugzeuge oder typische Formen von Segelfliegern zum Vorbild.

# Flugmodelle aus Papier

In diesem Kapitel wird der Bau und das Einfliegen eines Modells am „Fliegenden Dreieck“ stellvertretend für alle anderen Modelle erklärt. Die Papiermodelle bestehen aus Papier und Karton in verschiedenen Stärken: Sie benötigen Fotokopierpapier (80 g/m²) für die Flügel, dünnen Karton (170 g/m²) für die Leitwerke und etwas stärkeren Karton (240 g/m²) für den Rumpf und für eine Platte zur Verstärkung der Flügelmitte. Des weiteren brauchen Sie ein Rolle Klebstreifen (Klarsicht- oder feine Kreppfolie), Schere, Bleistift, Lineal (mindestens 30 cm) und Büroklammern.

## Konstruktion

Die Modelle haben eine Spannweite von 21 cm. Sie können die Baupläne aber auch auf 25 cm vergrößern oder auf 16 cm verkleinern. Wie bei einem großen Flugzeug müssen die Flügel durch einen Holm der Länge nach versteift werden. Bei den Papiermodellen dient dazu ein Verstärkungsstreifen aus einem etwa 3 cm breiten Papierstreifen. Er ist bereits in die Schnittvorlage eingearbeitet und wird dreimal zusammengefaltet.
Übertragen Sie die Umriß-, Falz- und Schnittlinien von einem Bauplan auf ein Blatt Papier, oder kopieren Sie einfach den Bauplan. Die Seite, auf der die Hilfslinien sichtbar sind, ist beim Papiermodell die Oberseite des Fliegers.

In den Bauplänen gilt folgende Farbkodierung:
***Schwarze, durchgezogene Linien, außen:***
Das sind die Umfassungs-(schnitt-)linien für die gesamte Form des Modells. Dabei sind auch die Verstärkungsstreifen für den Holm einbezogen.
***Schwarze, durchgezogene Linien, innen:***
Das sind die Hilfslinien zur Konstruktion (z. B. Ansatzlinie zum korrekten Biegen des Flügelprofils) oder zum Zusammenbau der Modelle.
***Schwarze, punktierte Linien:***
Das sind Verweisungshilfen, die anzeigen, wo einzelne Bauelemente (Ruder, Rumpf) angesetzt werden.
***Rote Linien:***
Das sind die Schnittlinien im Modell.
***Blaue Linien:***
Falzungen oder Knicke, deren Knickwinkel aus den Zusatzzeichnungen ausreichend deutlich wird. Der ideale Knickwinkel ergibt sich erst beim Probefliegen (bei den Balsamodellen wird dazu vorsichtig eine Kerbe geschnitten, siehe Bild Seite 21 unten rechts).

Schneiden Sie zuerst den kompletten Flügel samt Streifen für den Holm aus. Schneiden Sie die rote Trennlinie zwischen den Verstärkungsstreifen bis zum Flügel hin auf. Legen Sie ein Lineal an die Vorderkante einer Flügelseite. Knicken Sie den Verstärkungsstreifen sorgfältig entlang des Lineals. Streichen Sie noch einmal mit dem Fingernagel über den Falz. Klappen Sie dann den Streifen wieder auf, und wiederholen Sie den Vorgang mit der anderen Hälfte des Verstärkungsstreifens. Falten Sie nun einen Verstärkungsstreifen etwa längs seiner Mitte (eine Idee weiter weg vom Flügel). Öffnen Sie den Streifen wieder. Falten Sie nun die vordere Hälfte des Streifens auf seine Hälfte zusammen. Schlagen Sie dieses Stück zwei weitere Male um. Schließlich knicken Sie den zusammengefalteten Streifen um den vorgefertigten Falz an der Flügelnase. Ziehen Sie die Falze mit dem Fingernagel nach. Mit Klebstreifen wird der Holm nun am Flügel befestigt. Beim Falzen des Verstärkungsstreifens wird ein Stück der Falzung am Flügel überstehen. Lassen Sie beide Teile der Verstärkungsstreifen stehen, die über die Umrisse der Flügel hinausragen (siehe unten Bild d). Falten Sie beide Spitzen nach unten um. Gut verkleben. Besteht der Holm aus mehreren Streifen, so werden zuerst die äußeren gefaltet.

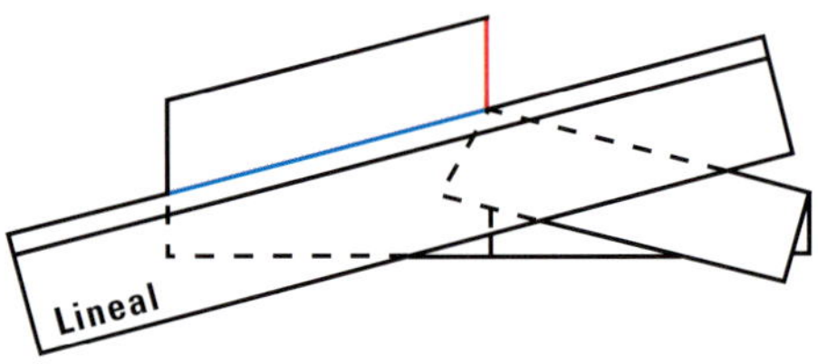


*Nach dem Zuschneiden werden zuerst die Flügelnasen (Vorderseiten der Flügel) mit Hilfe eines Lineals sauber gefalzt.*

*a Bei mehreren Verstärkungsstreifen fertigen Sie zuerst die äußeren Holme an. Bei diesem Beispiel sind die beiden äußeren Holme bereits verklebt.*
*b Befestigen Sie die Holme mit Klebstreifen.*

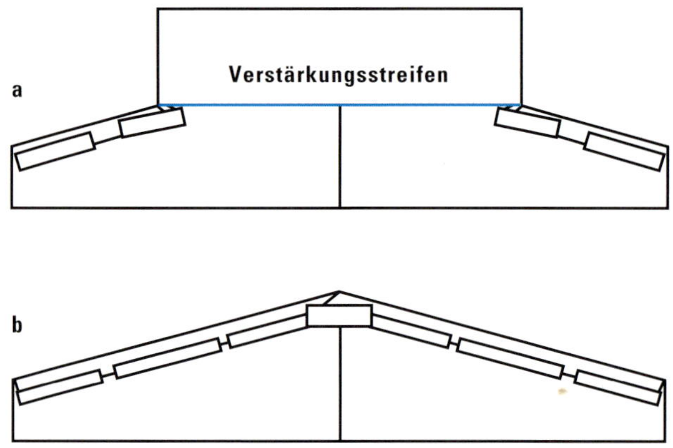




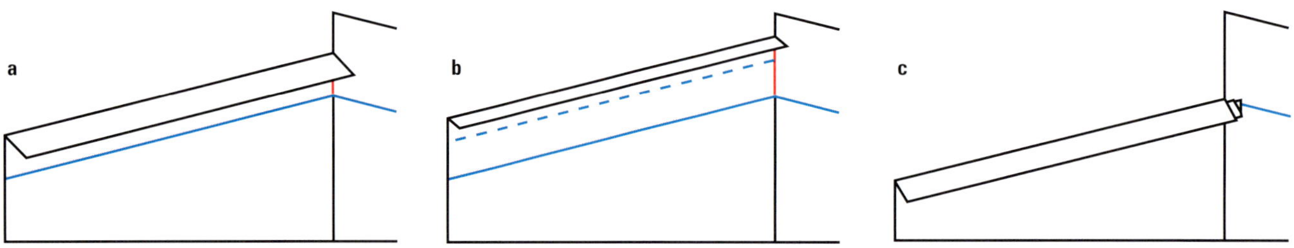


*Der Verstärkungsstreifen, der sich vor dem eigentlichen Flügel befindet, wird zu einem Holm zusammengefaltet. Gehen Sie dabei wie folgt vor:*
*a Falten Sie den Verstärkungsstreifen fast auf seine Hälfte zusammen. Öffnen Sie die Faltung wieder.*
*b Falten Sie die so entstandene vordere Hälfte ihrerseits fast auf die Hälfte zusammen. Schlagen Sie dieses Viertel zwei weitere Male um.*
*c Knicken Sie den Holm um den vorgefertigten Falz entlang der Flügelnase unter den Flügel.*

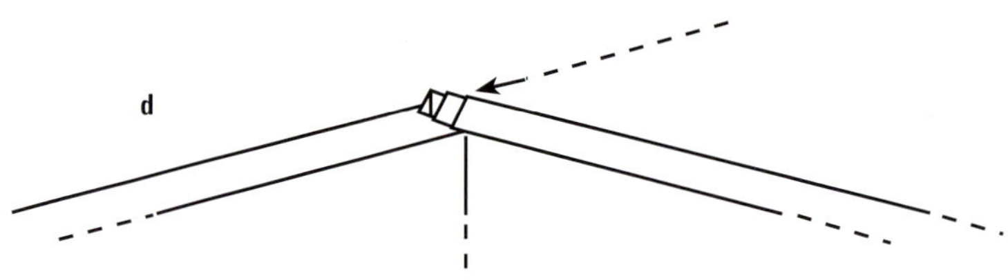


*d Nach dem Falten des ersten Holms verfahren Sie mit dem zweiten ebenso. Gut verkleben. Die erste und die zweite Falzung ergeben eine stabilisierende Spitze.*

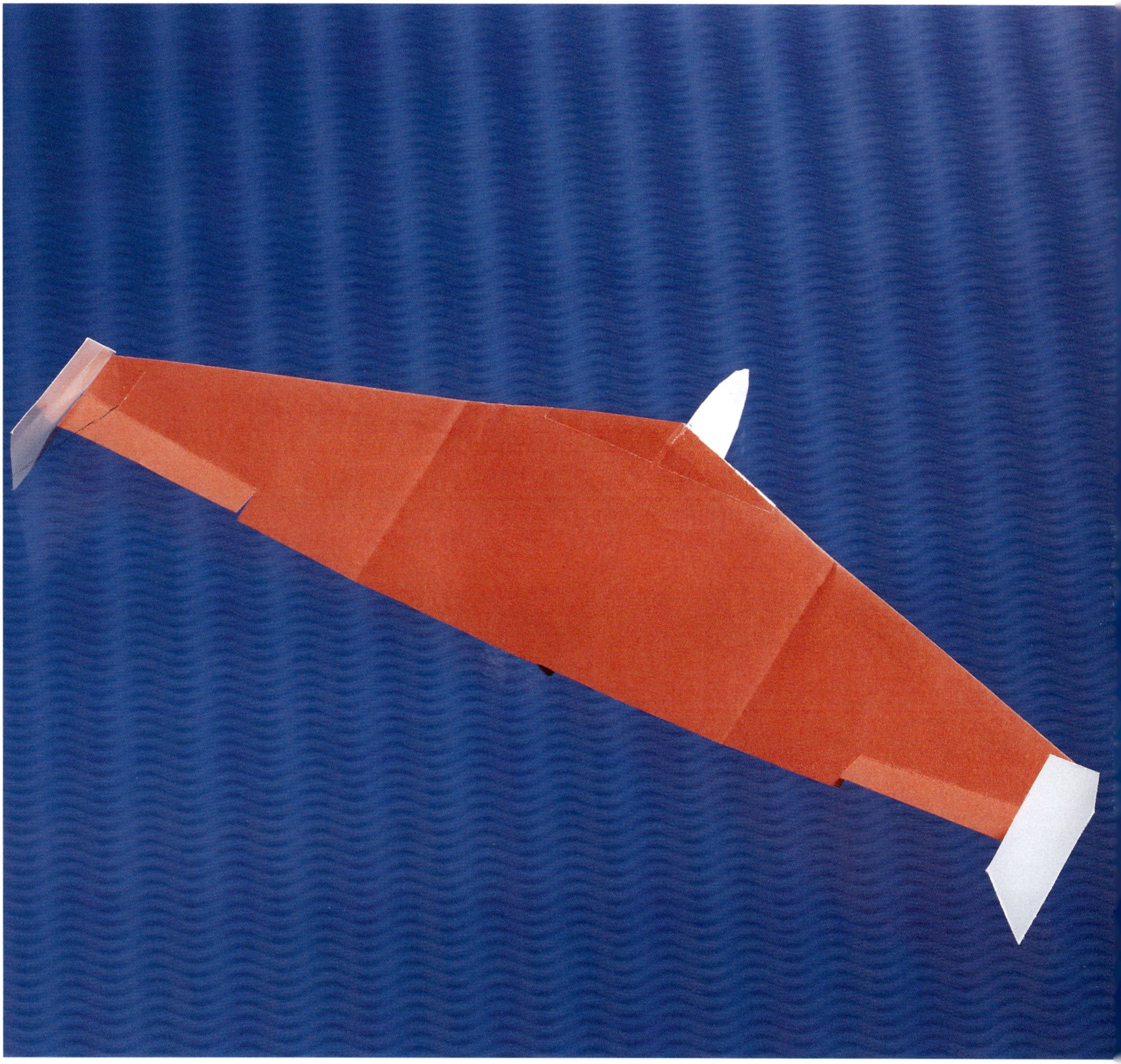

*Fliegendes Dreieck, Papierversion*
*Das Modell ist ein Nachbau eines Segel- und Motorflugzeuges von Alexander Lippisch aus den 30er Jahren. Für einen einwandfreien Flug muß der Schwerpunkt (zum Beispiel mit Hilfe einer Büroklammer) weit nach vorne verlagert werden. Gleichzeitig müssen die Höhenruder leicht nach oben gestellt werden, was dem Profil ein S-Schlag verleiht.*

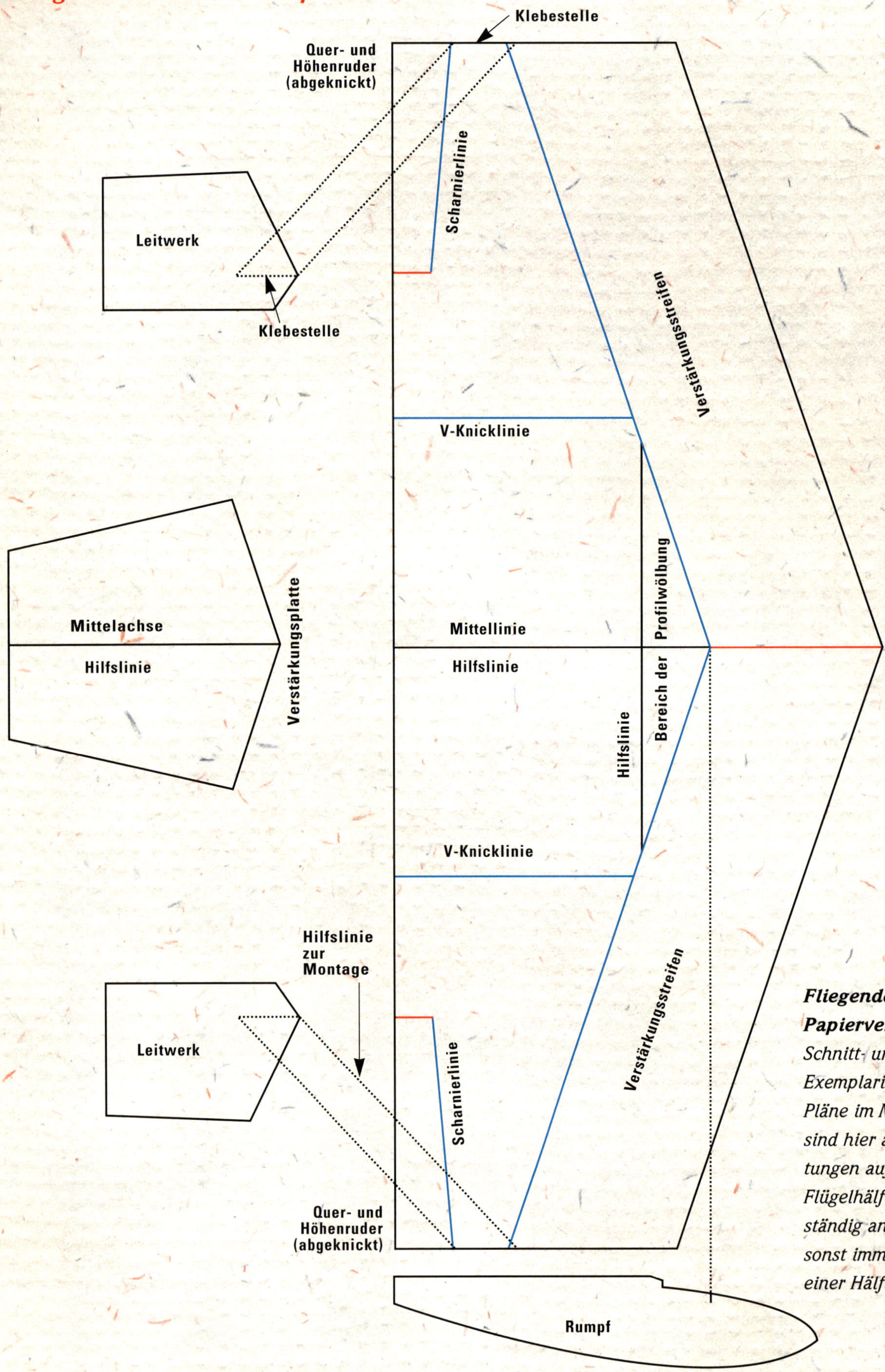


***Fliegendes Dreieck, Papierversion.***
*Schnitt- und Bauplan: Exemplarisch für alle Pläne im Maßstab 1:1 sind hier alle Beschriftungen auf beiden Flügelhälften vollständig angegeben, sonst immer nur auf einer Hälfte.*

Jedes Flugzeug braucht Ruder – und sei es nur um den Flug trimmen zu können. Bei diesem Nurflügler dienen die Klappen am Flügelende gleichzeitig als Quer- und Höhenruder und sorgen, leicht nach oben gestellt, für einen S-Schlag, der den Flug stabilisiert. Bei den Rudern werden zunächst die Linien parallel zur Flugrichtung eingeschnitten, danach wird entlang der dazu senkrechten Linien unter Zuhilfenahme eines Lineals sauber gefalzt. Später werden die Ruder leicht nach oben gestellt.
Entsprechend der Vorlage wird eine Verstärkungsplatte aus Karton ausgeschnitten. Die Platte wird bündig mit der Flügelnase mittels Klebstreifen an dem Flügel befestigt. Im Nasenbereich dürfen keine klaffenden Schlitze entstehen. Diese würden die Aerodynamik beeinträchtigen. Umkleben Sie deshalb bei der Flügelnase die Verstärkungsplatte auf ihrer gesamten Breite mit der Vorderkante des Flügels mit Klebstreifen.
Bis zur eingezeichneten Querlinie erhält nun der vordere Teil des Flügels eine leichte Wölbung. Ziehen Sie dazu diesen Teil vorsichtig mit den Fingern nach unten über eine scharfe Tischkante herum.

Die äußeren Enden der Flügel werden zu einem V aufgestellt. Achten Sie dabei auch auf die Hinweise bei den Bauplänen, und vermeiden Sie Asymmetrien. Schneiden Sie aus dem leichteren Karton die Seitenruder aus, die an den Flügelenden mit Hilfe von Klebstreifen befestigt werden (Bilder siehe Seite 18).
Zum Schluß wird der Rumpf aus dem stärkeren Karton geschnitten. Auch er wird mit Klebstreifen am Flügel befestigt. Nun ist der Flieger im Prinzip fertig und kann eingeflogen werden. Dabei werden Schwerpunktlage und Ruderstellung justiert, um einen optimalen Flug

*Schneiden Sie in Längsrichtung die Quer- und Höhenruder frei. Mit Hilfe eines Lineals werden die Ruderscharniere sauber gefalzt. Knicken Sie die Ruder sorgfältig in beide Richtungen, bevor Sie sie leicht nach oben stellen.*

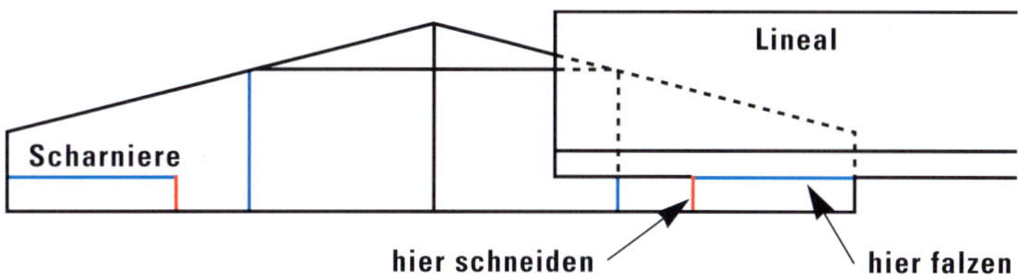




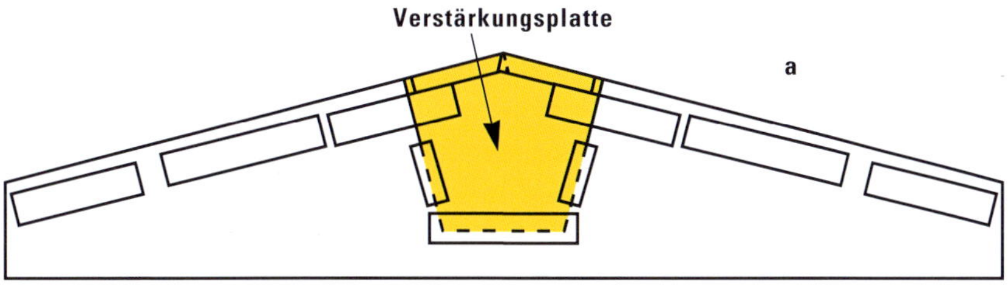


*a Die Verstärkungsplatte aus kräftigerem Karton (etwa 240 g/$m^2$) wird in der Flügelmitte angebracht.*

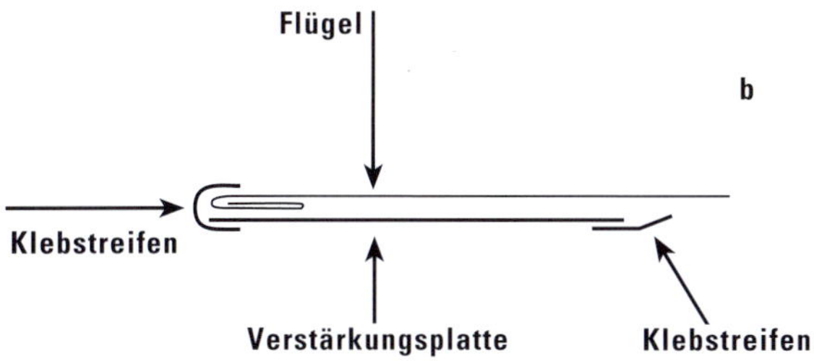


*b Sorgfältiges Abkleben der Ränder mit Klebstreifen – insbesondere vorne und hinten – sorgt für Stabilität und vermeidet Schlitze, die aerodynamisch nachteilig wären.*

zu erreichen. Oft fliegt ein Modell auf Anhieb gar nicht, lassen Sie sich nicht entmutigen, ein paar Handgriffe werden es bestimmt zum Fliegen bringen. Zuerst müssen Sie aber den richtigen Start „erfühlen“.

## Starten

Halten Sie dazu das Modell zwischen Daumen und Zeigefinger am Rumpf. Werfen Sie es aus dem Handgelenk mit nur leichtem Schwung. Ideal ist es, wenn das Modell vom Beginn des Fluges an im richtigen Gleitwinkel und mit der richtigen Geschwindigkeit fliegt. Diese sind bei jedem Modell anders, versuchen Sie ein Gefühl für das jeweilige Modell zu bekommen. Die Modelle sind leicht und es macht ihnen deswegen nicht sehr viel aus, gegen ein Möbel oder eine Wand zu fliegen (Die Balsamodelle sind empfindlicher.). Sie werden sich aber bestimmt bald mehr Platz wünschen, als Ihnen in der Wohnung zur Verfügung steht. Bei recht windstillem und trocknem Wetter kann man die Modelle auch draußen fliegen lassen.

## Trimmung

Alle Flugzeuge brauchen eine richtige Trimmung, unsere Modelle machen da keine Ausnahme. Am wichtigsten ist die korrekte Lage des Schwerpunkts. Einen ersten Anhaltspunkt liefert folgen-



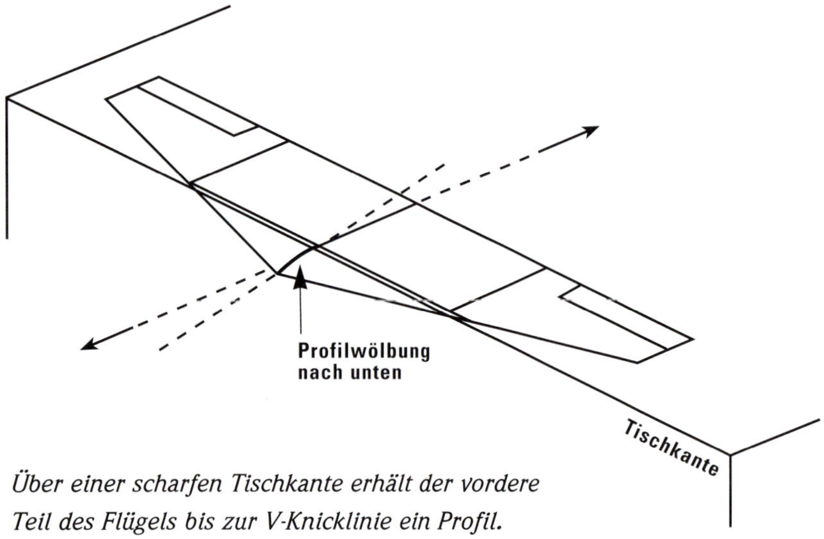


*Über einer scharfen Tischkante erhält der vordere Teil des Flügels bis zur V-Knicklinie ein Profil.*

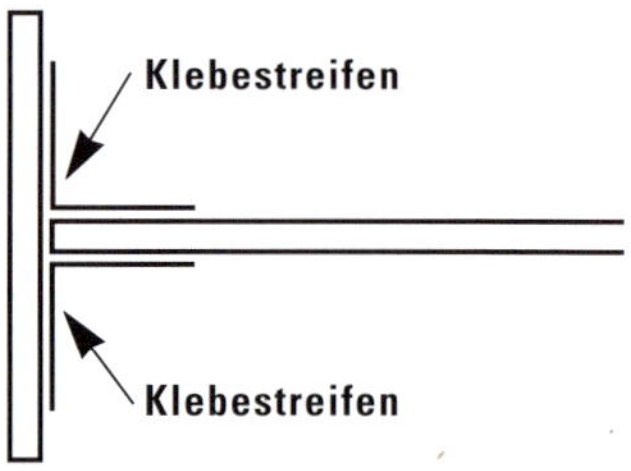


*Nun werden mit Klebestreifen alle senkrechten Bauteile wie Leitwerke und Rumpf am Flügel angebracht. Kleben Sie diese von beiden Seiten fest, damit diese Teile rechtwinklig stehen und einen sicheren Halt haben.*

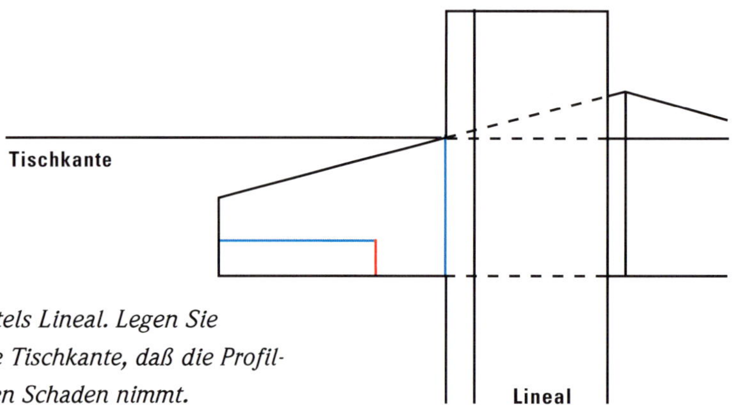


*Falzen Sie den V-Knick mittels Lineal. Legen Sie dazu den Flügel so über die Tischkante, daß die Profilwölbung freiliegt und keinen Schaden nimmt.*

*Verklebungsmuster mit Klebestreifen (hier zur Demonstration mit einer Kreppfolie und nicht mit der schönen durchsichtigen Klebefolie) an der Unterseite von zwei Papiermodellen. Ganz wichtig: die Schwerpunktkorrektur mit Hilfe einer Büroklammer. Sie wird einfach auf den Rumpf aufgeklemmt. Durch Verschieben wird der optimale Schwerpunkt gesucht. Logisch, daß nachkorrigiert werden muß, wenn der Supergleiter gegen ein Hindernis geprallt war und sich die Klammer verschoben hat.*

des Vorgehen: Unterstützen Sie das Flugzeug symmetrisch auf beiden Seiten unter den Flügeln. Die Auflage sollte sich ungefähr ein Fünftel bis ein Viertel der Flügeltiefe von der Nase des Flügels entfernt befinden. Liegt der Schwerpunkt richtig, so müßte sich das Flugzeug in der Waage befinden.
Lassen Sie dann das Modell fliegen. Pumpt das Flugzeug, das heißt, segelt es in einer Wellenbewegung zu Boden, ist der Schwerpunkt noch zu weit hinten, fliegt es gerade, aber zu steil, so ist der Schwerpunkt zu weit vorne. Variieren Sie den Schwerpunkt, auch wenn Sie mit dem Flug schon zufrieden waren, vielleicht gelingt ja ein noch besserer! Wenn Sie die Modelle draußen fliegen lassen, kann es sinnvoll sein, den Schwerpunkt etwas nach vorne zu verlagern, damit der Flug schneller und die Fluglage stabiler wird.
Beschreibt das Modell einen immer steiler werdenden Bogen nach unten, kann es mehrere Ursachen dafür geben. Vielleicht sind die Höhenruder zu wenig nach oben gestellt. Womöglich hat aber auch das Flügelprofil einen Fehler: die Profilkrümmung geht zu weit in die Flügelmitte oder die Profilkrümmung ist zu stark. In den beiden letzten Fällen muß das Profil erneuert werden (siehe Abschnitt „Reparaturen“).
Fliegt das Modell immer eine Linksoder Rechtskurve, wurde es vermutlich schief gebaut. Schauen Sie von oben und von vorne auf das Modell, um zu erkennen, wo die Asymmetrie liegt. Versuchen Sie durch leichtes Drücken und Verwinden, das Modell gerade zu biegen. Hilft das nicht, müssen Sie das Modell auseinandernehmen und neu zusammenfügen. Achten Sie auch auf den Zustand der Seitenruder/Seitenleitwerke. Sie müssen exakt in der Flugrichtung stehen. Die Ruder dürfen während des Fluges nicht flattern. Es ist also wichtig, dafür ein steifes Material zu verwenden. Bei den Seitenleitwerken dieses Nurflüglers ist das besonders kritisch. Schwerere Leitwerke verstärken nämlich die Neigung zum Trudeln.
Richtig getrimmt, wird ein Modell einen langgezogenen Gleitflug haben. Es wird sich aus einer extremen Fluglage von selbst wieder fangen und den restlichen Flug ungestört fortsetzen. Es neigt nicht zum Trudeln und landet in der Regel auf seinem Bauch.

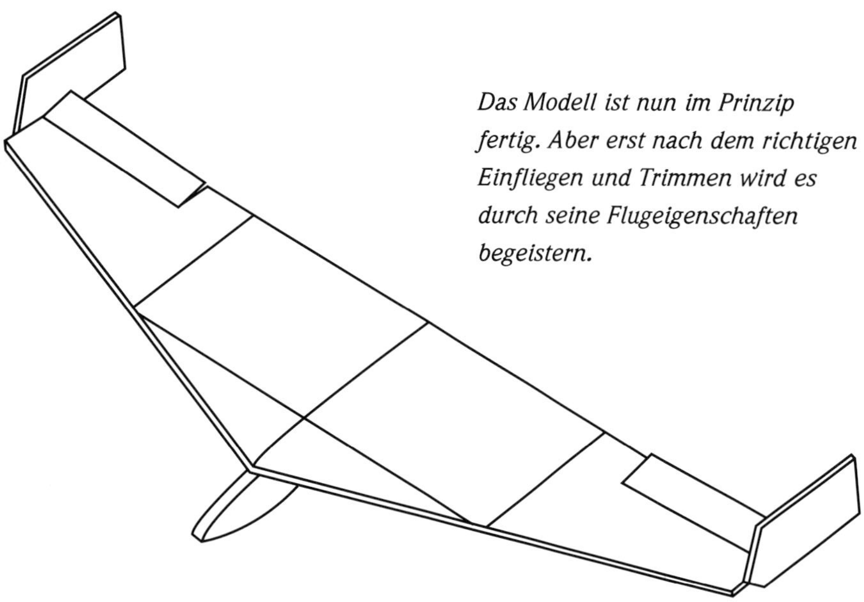

*Das Modell ist nun im Prinzip fertig. Aber erst nach dem richtigen Einfliegen und Trimmen wird es durch seine Flugeigenschaften begeistern.*

## Reparaturen

Läßt sich das Modell nicht mehr trimmen – zum Beispiel, weil es beschädigt wurde –, so muß es neu zusammengesetzt werden. Die Arbeit lohnt sich. Schon manches Modell flog nach der Kur besser als zu Anfang.
Zerlegen Sie das Modell vorsichtig in Rumpf, Flügel und Leitwerk. Unrettbar geknickte Teile müssen neu angefertigt werden. Meist reicht es aber aus, die Karton- und Papierteile einige Zeit unter ein schweres Buch zu legen. Klebstreifen altern schnell, insbesondere wenn sie in der Sonne liegen. Ersetzen Sie, wenn nötig, die alten Streifen durch neue. Der Flügel kommt nun unter ein schweres Buch und verbleibt dort so lange, bis die Profilkrümmung und der V-Knick praktisch vollständig verschwunden sind. Erneuern Sie dann das Profil und die V-Stellung. Setzen Sie das Modell wieder zusammen.

# Flugmodelle aus Balsaholz

Die Baupläne für Papier- und Balsamodelle unterscheiden sich nur in wenigen Details. Bei den Balsamodellen kann im Gegensatz zu den Papiermodellen auf die Verstärkungen verzichtet werden. Die Erfahrung hat gezeigt, daß die Flugeigenschaften von Balsa- und Papierversion eines Modelltyps recht ähnlich sind.
Das im Modellbau erprobte superleichte Balsaholz erhält man in Modellbau- oder Bastelgeschäften.
Sie brauchen dünnere Brettchen mit 0,8 bis 1,0 mm und dickere mit 2,0 bis 2,5 mm Stärke. Die Brettchen sind meist etwa 100 cm lang und 10 cm breit. Flügel und Leitwerke werden aus dem dünneren, der Rumpf aus dem dickeren Holz gebaut. Eine Verstärkungsplatte wie bei den Papiermodellen ist überflüssig, da das Balsaholz ausreichend stabil ist.
Als Werkzeug brauchen Sie ein scharfes Balsamesser, Holzleim, eine sehr feine Feile (zum Beispiel eine Nagelfeile) oder ein sehr feines Schleifpapier und natürlich Lineal und Bleistift. Stecknadeln oder Klebstreifen können zum Fixieren der zu klebenden Teile hilfreich sein.



## Konstruktion

Die Umrisse für den Flügel werden vom Bauplan auf das dünnere Brettchen übertragen. Achten Sie darauf,

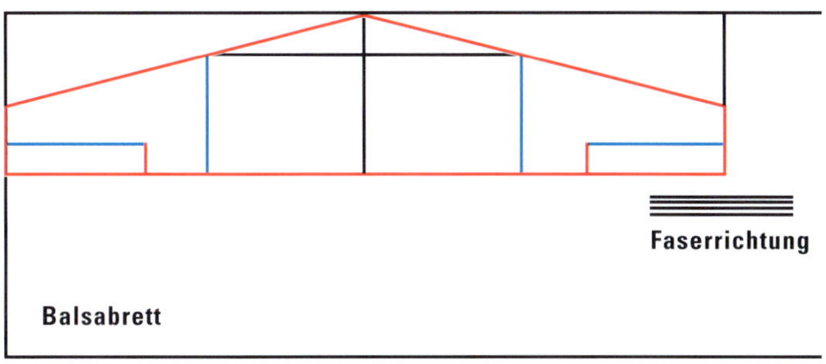


*Der Bauplan wird auf das Balsabrettchen übertragen. Im Gegensatz zu den Papiermodellen wird diese angezeichnete Seite die Unterseite werden. Achten Sie auf den korrekten Verlauf der Faserrichtung.*

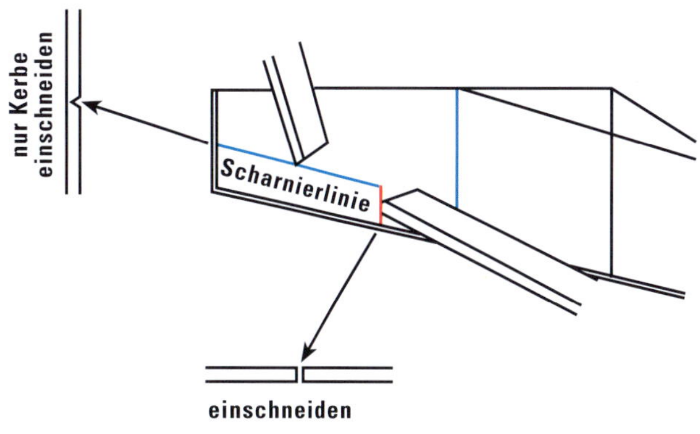


*In Flugrichtung werden die Ruder freigeschnitten. Wo Ruder ein Scharnier benötigen, wird äußerst behutsam eine Kerbe geschnitten.*

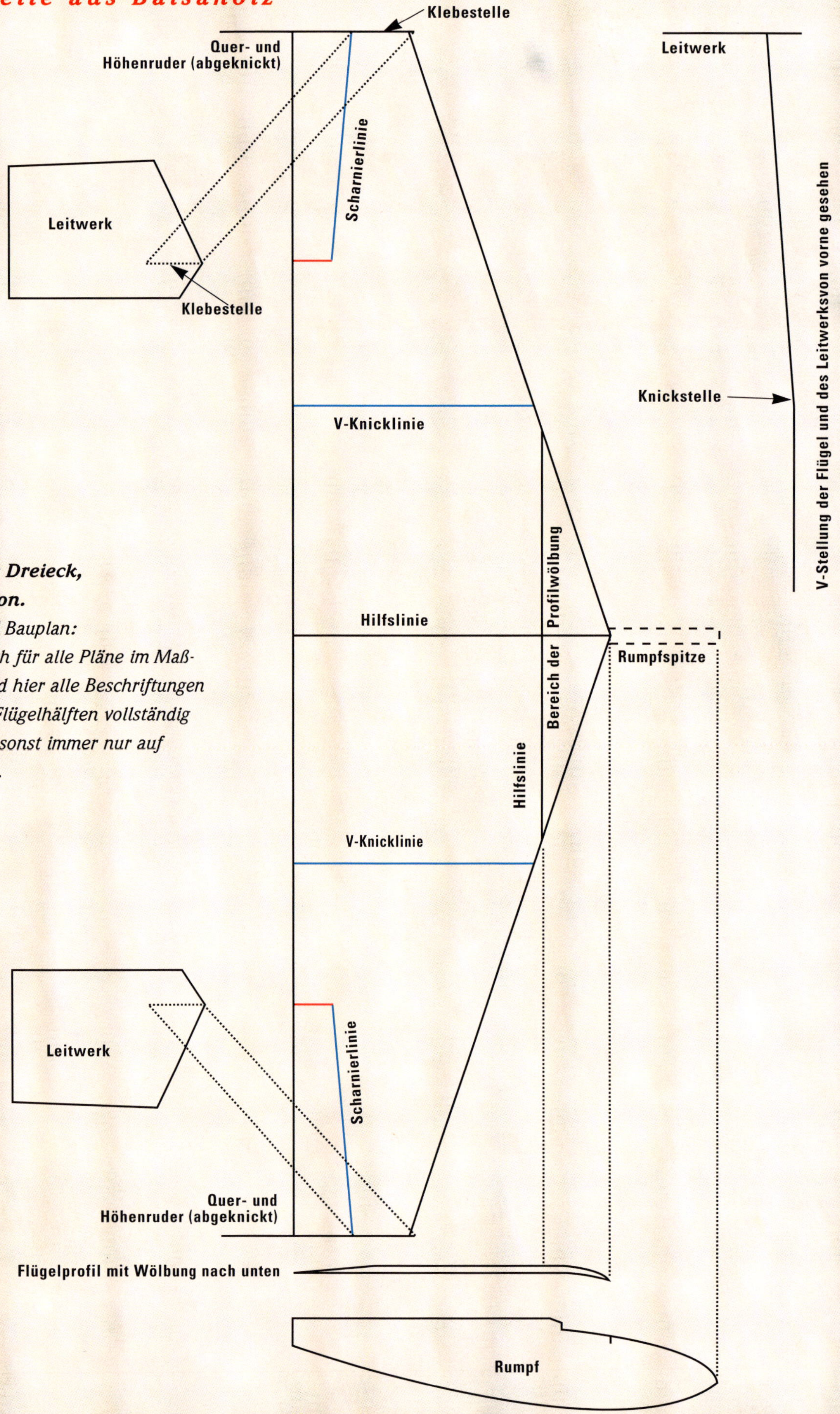


***Fliegendes Dreieck, Balsaversion.***
*Schnitt- und Bauplan: Exemplarisch für alle Pläne im Maßstab 1:1 sind hier alle Beschriftungen auf beiden Flügelhälften vollständig angegeben, sonst immer nur auf einer Hälfte.*

daß die Maserung längs des Flügels läuft und nicht quer, da so der Flügel stabiler wird und sich besser biegen läßt. Die Seite mit den aufgezeichneten Umriß- und Schnittlinien wird die Unterseite des Flügels werden. (Beim Papiermodell ist es umgekehrt.)
Schneiden Sie nun den Flügel mit dem Messer aus (Bilder Seite 21). Bei den Rudern schneiden Sie die in zur Flugrichtung verlaufenden Linien mit dem Messer ein. Entlang der Linien, die die Scharniere kennzeichnen, wird sehr vorsichtig eine kleine Kerbe geschnitten. Dadurch läßt sich das Ruder einstellen (nach oben ist der Spielraum allerdings viel größer als nach unten).
Um die Profilkrümmung im vorderen Teil des Flügels herzustellen, wird dieser Bereich angefeuchtet. Legen Sie den Flügel auf seinen Rücken und beschweren sein hinteres Ende mit einem Gewicht (zum Beispiel einem Buch). Unter die Flügelnase wird etwas untergelegt (zum Beispiel ein abgeschrägtes Lineal), so daß der Flügel die gewünschte Biegung erhält. Lassen Sie den Flügel in dieser Lage trocknen. Das dauert in der Regel 20 bis 30 Minuten.
Um die Flügel in eine leichte V-Stellung zu bringen, werden entlang der blauen Linien Kerben geschnitten. Die Knickwinkel müssen auf beiden Seiten gleich sein (V-Symmetrie).
Nun werden die Seitenleitwerke und der Rumpf aufgezeichnet. Achten Sie darauf, daß Faserrichtung gleich Flugrichtung ist (siehe Skizzen). Schneiden Sie den Rumpf etwas größer aus als aufgezeichnet,

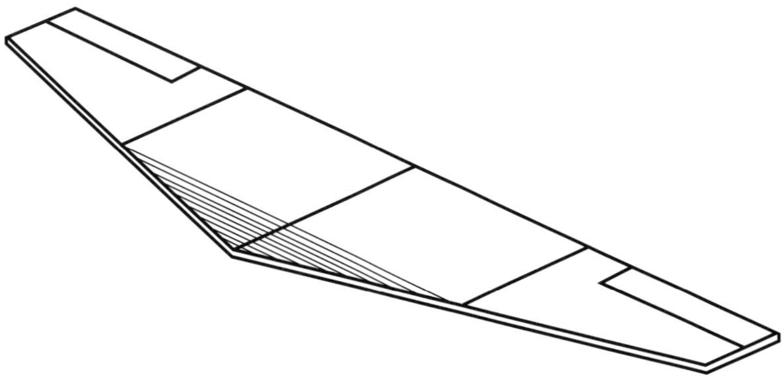

*Der schraffierte Bereich des Flügels wird angefeuchtet, damit er sich leichter nach unten ins Profil biegen läßt.*



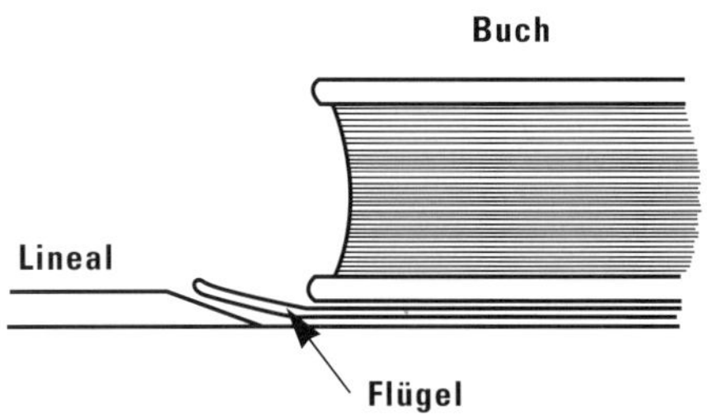

*Die vordere Spitze des Flügels wird hierzu auf ein angeschrägtes Lineal gelegt, während der Rest von einem dicken Buch beschwert wird. Ist der Flügel wieder getrocknet, bleibt die Profilwölbung stabil.*

*Hier sieht man die Idealprofilierung des Flügels von vorne: an den Enden die hochgestellten Ruder, in der Mitte die Profilwölbung. Die Pfeile zeigen auf die Kerben, die zur V-Stellung nötig sind. Der endgültige Winkel wird mit Holzleim fixiert.*

um ihn später mit dem Schleifpapier elegant und flugverbessernd runden zu können. Kleben Sie nun Rumpf und die Leitwerke an den Flügel. Beim Ankleben der Seitenleitwerke müssen Sie aufpassen, daß Sie nicht versehentlich die beweglich bleibenden Ruder mit festkleben. Nach Trocknung der Klebestellen können Sie das Modell probefliegen. Tarieren Sie das Modell provisorisch aus, indem Sie eine Büroklammer am Rumpf anklemmen. Lassen Sie sich nicht entmutigen, wenn der erste Flug noch etwas mäßig ausfällt.

## Feinarbeiten

Zum Schluß wird das Modell geschliffen. Glätten Sie insbesondere die Oberseite des Flügels. Geben Sie dem Flügel ein Profil wie in der Abbildung unten rechts. Runden Sie alle Ecken, und machen Sie Rumpf und Leitwerke stromlinienförmiger.
Unterbrechen Sie die Arbeit regelmäßig, um die Flugeigenschaften des Modells zu testen. Wahrscheinlich müssen Sie dabei den Ballast verändern, da Sie ja Material weggenommen haben und sich der Schwerpunkt entsprechend verändert. Justieren Sie auch die Ruder und die V-Stellung der Flügel, wenn sie asymmetrisch geworden sein sollten.
Sind Sie mit den Flugeigenschaften zufrieden, sollten Sie nur noch minimale Veränderungen mit der Feile vornehmen. Fixieren Sie die V-Stellung der Flügel, indem Sie die beiden Kerben mit Holzleim füllen. Stabilisieren Sie auch die Profilbiegung, indem Sie den vorderen Teil des Flügels auf der Unterseite mit Holzleim bestreichen. Auf diese Weise lassen sich auch exponiertere und dadurch gefährdete Stellen wie die Vorderkanten von Rumpf, Flügel und Leitwerk festigen und das Scharnier der Quer- und Höhenruder von oben etwas verstärken.

## Reparaturen

Ein Bruch läßt sich in der Regel leicht mit Holzleim kleben. Ist das Modell asymmetrisch, wird es angefeuchtet und vorsichtig so weit gerichtet, bis es symmetrisch ist, und dann in dieser Lage getrocknet. In schwierigeren Fällen muß das Modell behutsam in seine Einzelteile zerlegt werden. Nehmen Sie dazu ein scharfes Messer. Klebstoffreste werden vorsichtig mit Schleifpapier entfernt. Feuchten Sie den Flügel an, und pressen Sie ihn beim Trocknen, so daß er die Profilkrümmung verliert. Erzeugen Sie dann wie bei einem neuen Flügel eine neue Profilkrümmung. Setzen Sie dann das Modell wieder zusammen.



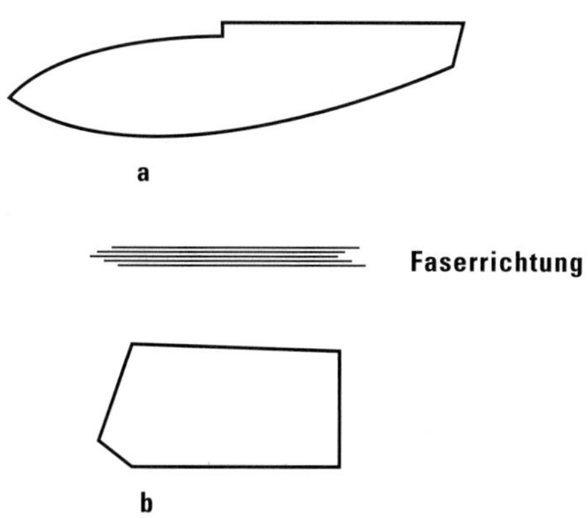


*Auch beim Übertragen von Rumpf und Leitwerken vom Bauplan auf das Balsabrettchen muß der korrekte Faserverlauf gewährleistet sein.*

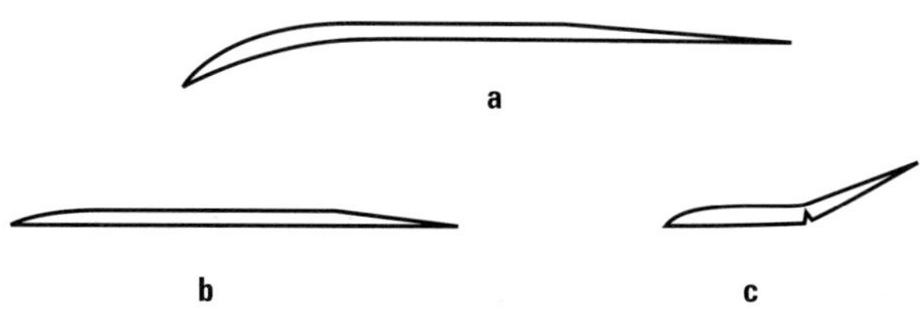


*Wie bei dem Zanonia-Samen ändert sich bei den Modellen das Flügelprofil von der Mitte zum Rand hin:*
*a in der Nähe des Rumpfes,*
*b in der Nähe des V-Knicks und*
*c an den Enden.*
*Zur Mittelachse hin ist das Flügelprofil am stärksten nach unten gewölbt. Die Profilierung erfolgt durch Biegen und Feilen beim Balsamodell und durch Holmverstärkung und Biegen beim Papiermodell.*

# Baupläne und Schnittvorlagen

## Einführung



Im folgenden finden Sie eine Sammlung von Bauplänen für zwölf Flugmodelle. Die Modelle lassen sich sowohl in Papier- als auch in Balsabauweise ausführen. Als erstes wird stets die Papier-, dann die Balsaversion vorgestellt. Die Modelle haben eine Spannweite von 21 cm, die Baupläne (Schnittvorlagen) sind in Originalgröße. Hier nochmals die Farbkodierung für Schnitte, Knicke (Falzungen) und Hilfslinien.

***Schwarze, durchgezogene Linien, außen:***
Das sind die Umfassungs-(Schnitt-)linien für die gesamte Form des Modells. Dabei sind auch die Verstärkungsstreifen für den Holm einbezogen.
***Schwarze, durchgezogene Linien, innen:***
Das sind die Hilfslinien zur Konstruktion (z. B. Ansatzlinie zum korrekten Biegen des Flügelprofils) oder zum Zusammenbau der Modelle.
***Schwarze, punktierte Linien:***
Das sind Verweisungshilfen, die anzeigen, wo einzelne Bauelemente (Ruder, Rumpf) angesetzt werden.
***Rote Linien:***
Das sind die Schnittlinien im Modell.
***Blaue Linien:***
Falzungen oder Knicke, deren Knickwinkel aus den Zusatzzeichnungen ausreichend deutlich wird. Der ideale Knickwinkel ergibt sich erst beim Probefliegen (bei den Balsamodellen wird dazu vorsichtig eine Kerbe geschnitten, siehe Seite 21)

Bei der Balsabauweise wird mit dem Messer längs der blauen Linien eine nicht sehr tiefe Kerbe geschnitten, die das Knicken des Balsaholzes an dieser Stelle erleichtert.
Bei der Übertragung der Schnittvorlagen kommen bei den Balsamodellen diese Hilfslinien auf der Unterseite, bei den Papiermodellen auf der Oberseite zu liegen.
Auch wenn Sie ein Papiermodell bauen, sollten Sie den Plan für das Balsamodell zur Hilfe heranziehen. Dort finden Sie zusätzlich Skizzen zur Flügelstellung und zum Flügelprofil. Auch der Anbau des Rumpfes am Tragflügel wird dort besonders deutlich.
Fein gepunktete Linien verbinden zu montierende Leitwerksteile und Verstärkungsplatten an markanten Punkten mit der endgültigen Position an Rumpf bzw. Flügel.
Für den Fall, daß Sie die Pläne nicht kopieren, sondern mit Lineal und Bleistift auf einem Balsabrettchen oder einem Stück Papier konstruieren (oder wenn Sie mit eigenen Bauplänen experimentieren), folgen nun ein paar Hinweise.
Zeichnen Sie möglichst exakt, achten Sie insbesondere auf die Symmetrie. Beginnen Sie jede Konstruktion mit der Mittellinie. Links und rechts davon liegen parallel zwei Linien, die die Flügelenden festlegen. Rechtwinklig dazu wird eine Linie gezogen, die durch die vorderste Kante des Flügels verläuft. Beim Einzeichnen weiterer Linien und Punkte sollten Sie stets von der Mit-

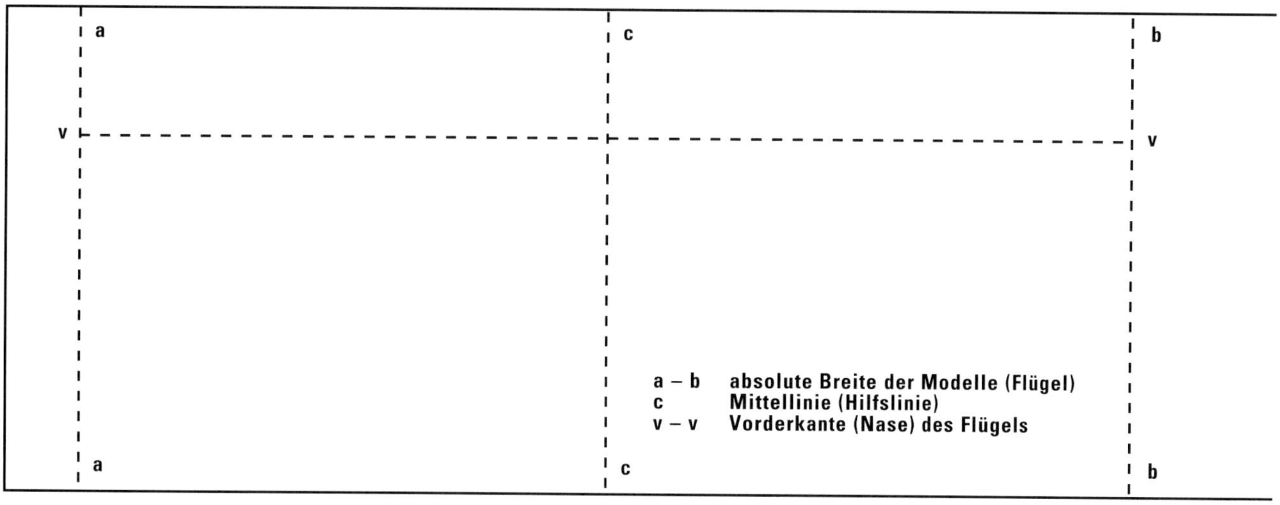


tellinie oder der zu ihr senkrechten Linie aus messen, damit sich Ungenauigkeiten beim Zeichnen nicht summieren. Schräg laufende Konstruktionslinien besitzen oft einen Bezugspunkt außerhalb des Flügels. Auf der Abbildung unten ist gezeigt, wie eine solche Konstruktion eines Möwenflügels aussehen könnte. Baupläne sind durchweg recht einfach zu zeichnen. Am anspruchsvollsten ist ein Modell wie das der Möwe.

*Auf ein Balsabrettchen von 1 mm Dicke (oder auf den Bogen Papier) werden zunächst die Linien a, b und c gezogen. Sie laufen alle parallel zueinander und senkrecht zu der Faserrichtung von Holz oder Papier. a und b sind 21 cm voneinander entfernt und c ist die Mittellinie. Dann wird die Vorderkante v (oder Nase) des Flügels eingezeichnet. Bei gepfeilten Flügeln wird diese Linie vom Flügel lediglich berührt. Meist wird diese Linie mit dem Rand des Brettchens identisch sein.*



*So könnte die fertige Konstruktionszeichnung einer Möwe aussehen. Achten Sie insbesondere auf eine exakte Symmetrie.*

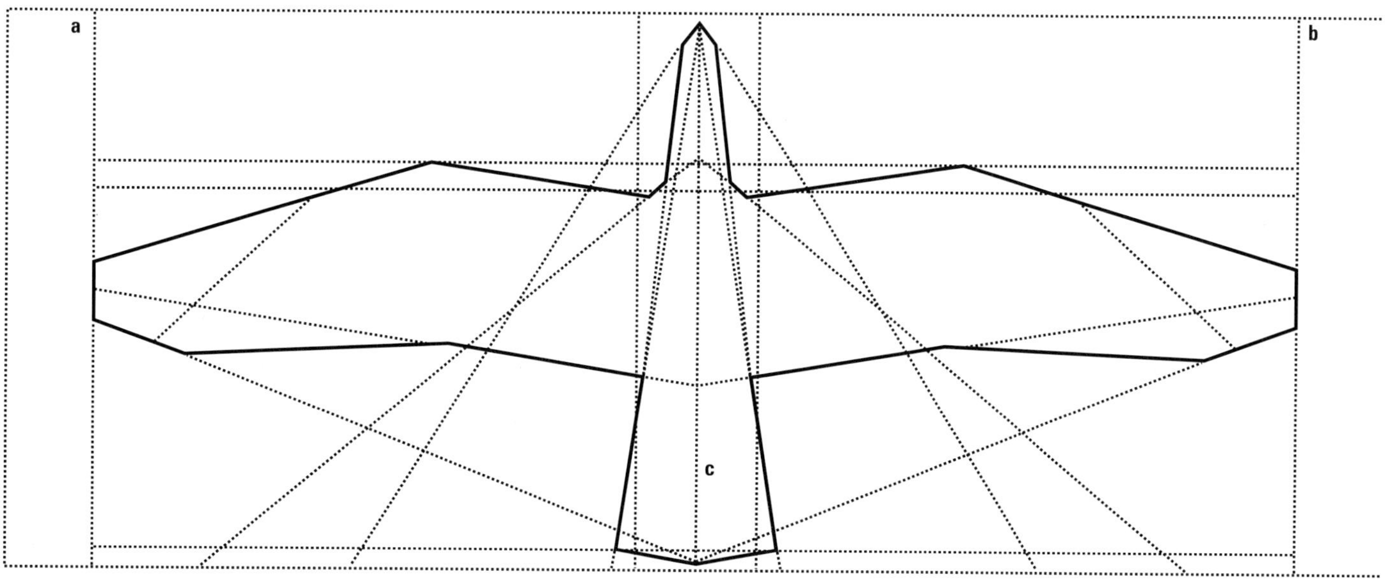

# Klassischer Segler

Dieses Modell ähnelt dem typischen Segelflugzeug. Bei der Papierversion dient die zusätzliche Verstärkungsplatte zur Stabilisierung des Rumpfes und als Heckflügel mit dem Höhenruder. Der T-Querschnitt des Rumpfes verleiht dem Modell so viel Steifigkeit, daß man es auch gut draußen fliegen lassen kann. Der Ballast an der Rumpfspitze muß hier größer als bei vielen anderen Modellen ausfallen.

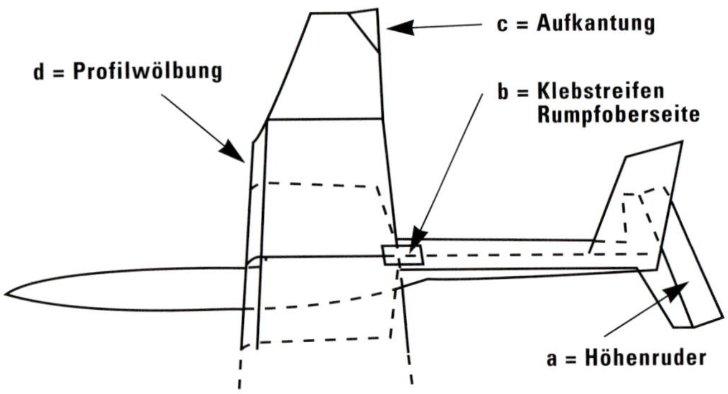


*b Befestigen Sie Flügel und Rumpfoberseite auch von oben mit einem Stück Klebstreifen.*

*c Die leicht nach oben gestellten Aufkantungen an den Flügelenden reduzieren die Gefahr des Trudelns. Durch Verstellen läßt sich mit ihnen auch die Flugrichtung korrigieren. Da nur die Flügelenden in V-Stellung sind, ist der Winkel relativ groß, um genügend Stabilität um die Längsachse zu erhalten.*

*a Bevor Seitenleitwerk und Rumpfunterseite angebracht werden, falzen Sie entlang eines Lineals das Höhenruder und stellen es etwas nach oben.*

*d Nur der mittlere Teil des Flügels zwischen den Knickstellen erhält eine Profilwölbung nach unten.*



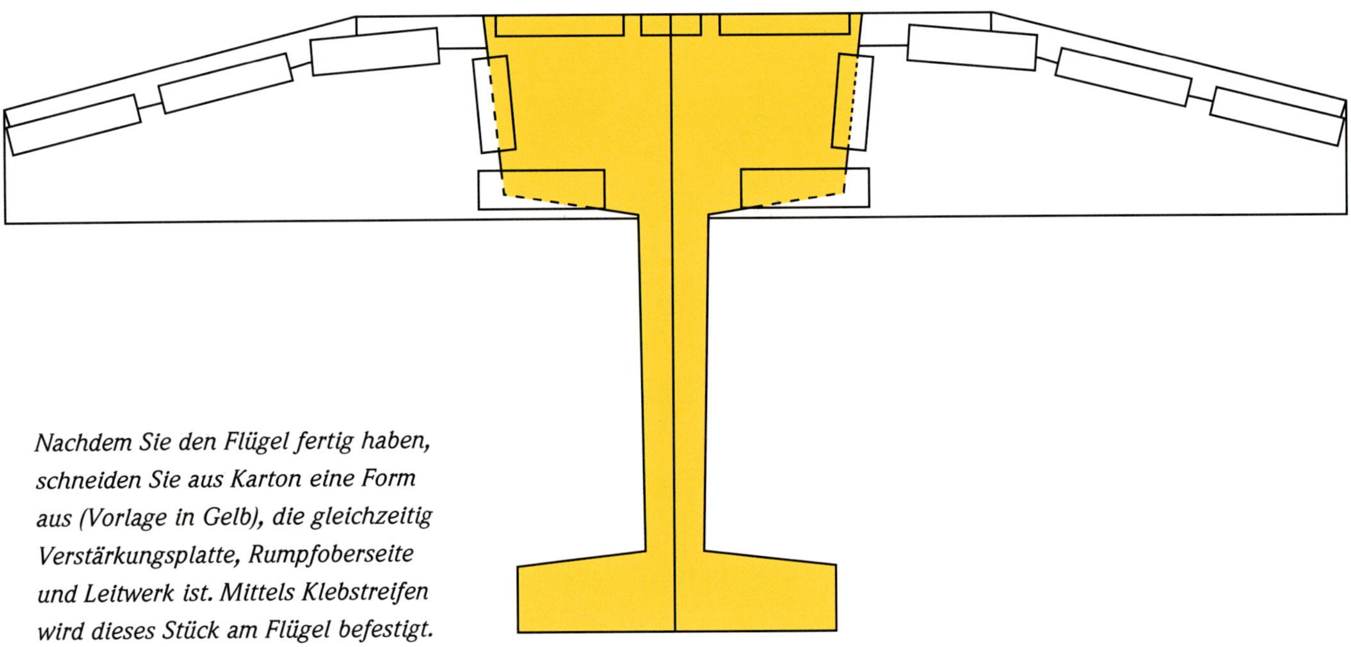

*Nachdem Sie den Flügel fertig haben, schneiden Sie aus Karton eine Form aus (Vorlage in Gelb), die gleichzeitig Verstärkungsplatte, Rumpfoberseite und Leitwerk ist. Mittels Klebstreifen wird dieses Stück am Flügel befestigt.*

*Papierversion*

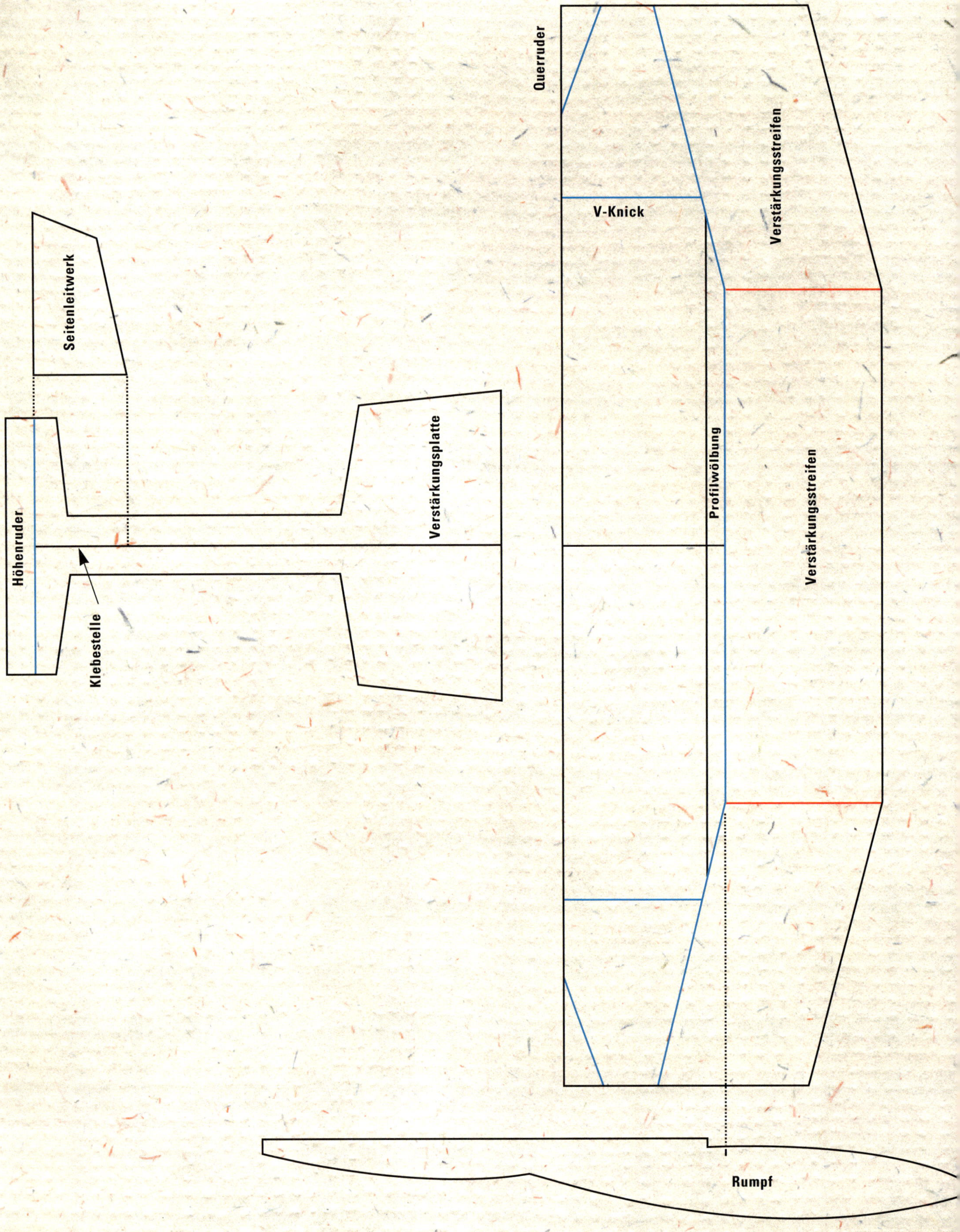
Querruder
V-Knick
Verstärkungsstreifen
Profilwölbung
Verstärkungsstreifen
Seitenleitwerk
Verstärkungsplatte
Höhenruder
Klebestelle
Rumpf

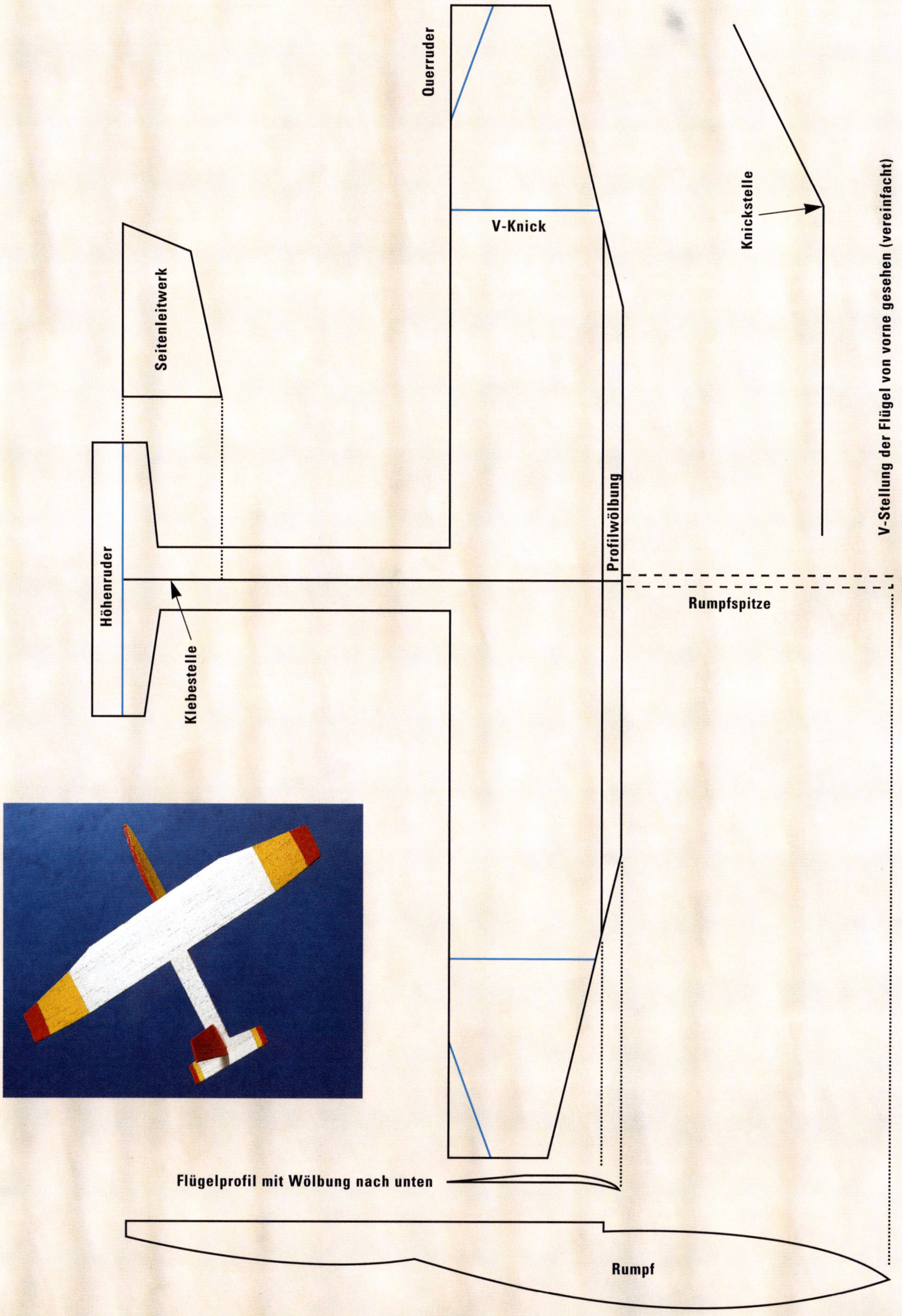
Querruder
V-Knick
Knickstelle
V-Stellung der Flügel von vorne gesehen (vereinfacht)
Seitenleitwerk
Profilwölbung
Höhenruder
Rumpfspitze
Klebestelle
Flügelprofil mit Wölbung nach unten
Rumpf

# „Aile Volante 2"

Dieses Modell ist dem Segelflugzeug „Aile Volante 2" von Charles Fauvel (Frankreich 1929) nachempfunden. Wie sein großes Vorbild erhält es seine Stabilität um die Querachse durch die hochgezogenen Hinterkanten an den Flügelenden. Das Schwänzchen am Heck dient nicht der Stabilisierung, sondern lediglich der Dämpfung von Schwingungen um die Querachse.

*Balsaversion*

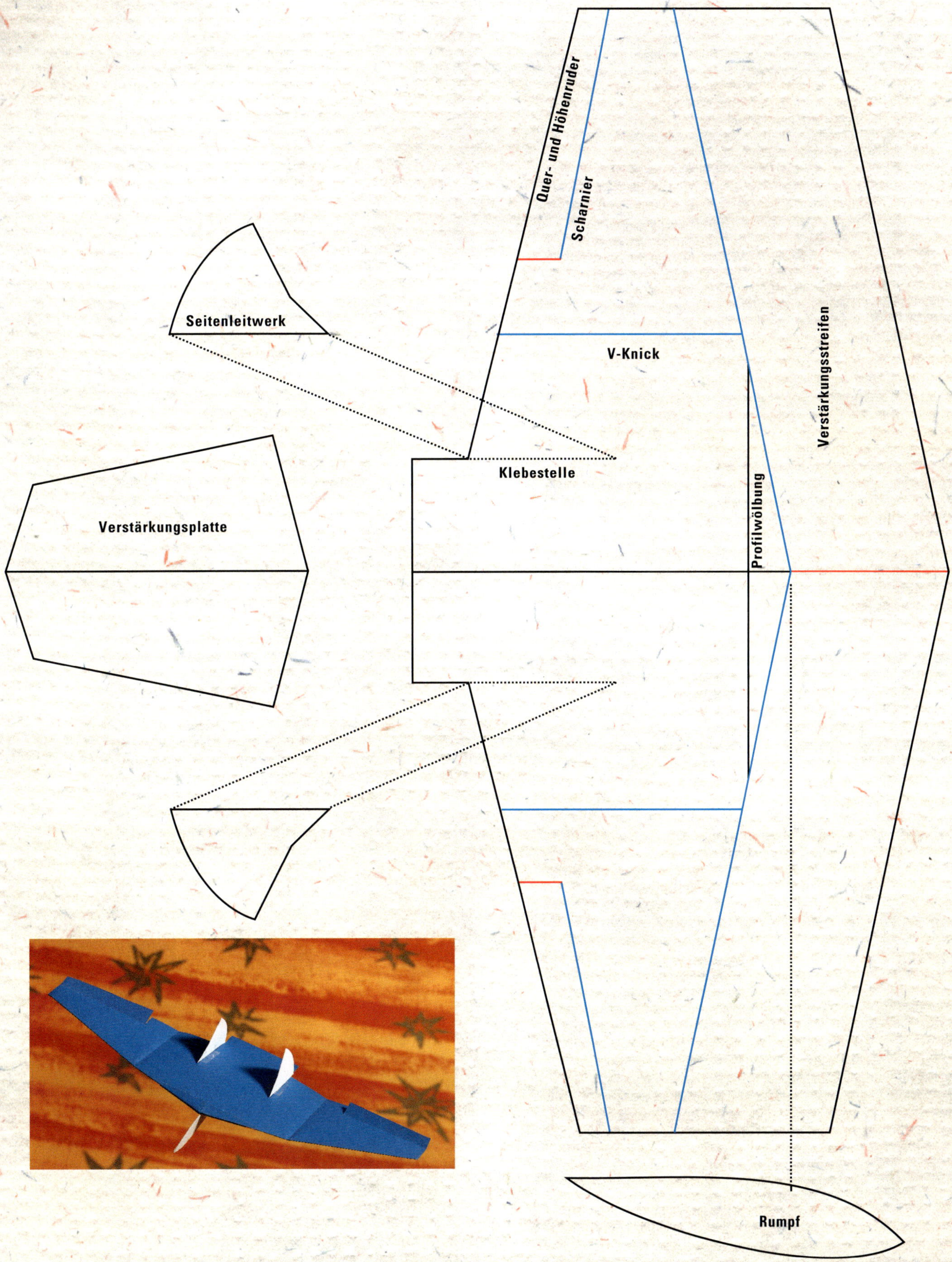
Quer- und Höhenruder
Scharnier
Seitenleitwerk
V-Knick
Verstärkungsstreifen
Klebestelle
Verstärkungsplatte
Profilwölbung
Rumpf

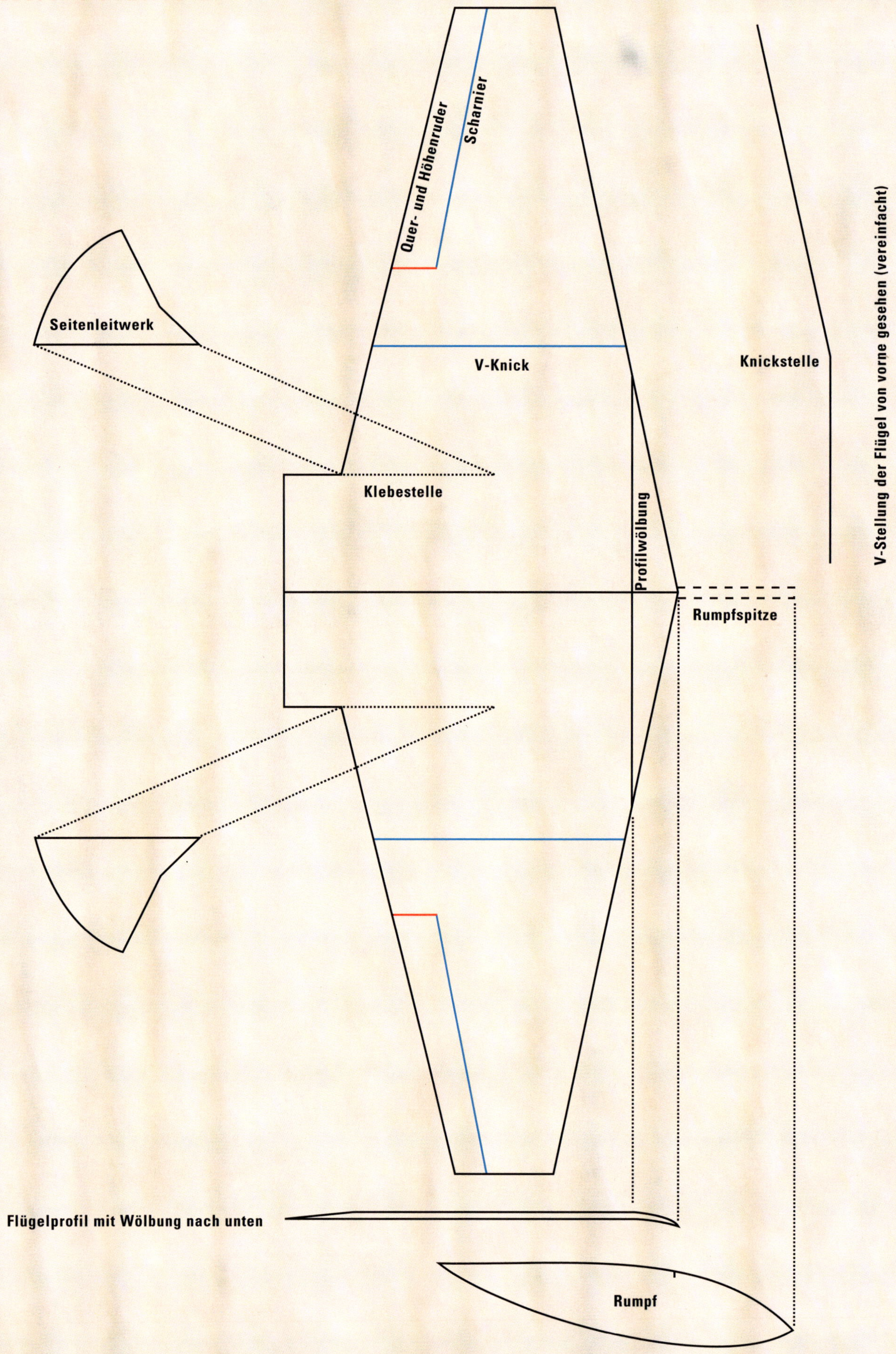
Quer- und Höhenruder
Scharnier
Seitenleitwerk
V-Knick
Knickstelle
V-Stellung der Flügel von vorne gesehen (vereinfacht)
Klebestelle
Profilwölbung
Rumpfspitze
Flügelprofil mit Wölbung nach unten
Rumpf

# „Charlotte B1"

Das Vorbild dieses Nurflüglers von H. Winter aus den 20er Jahren entstand im Rahmen der studentischen Gruppe Akaflieg in Berlin. Bei der Konstruktion des Flugzeuges stand der Flugsamen der Zanonia Pate.

(Die Profilwölbung des Modells beschränkt sich auf die vorderen 3,5 mm des Flügels.)

*Papierversion*

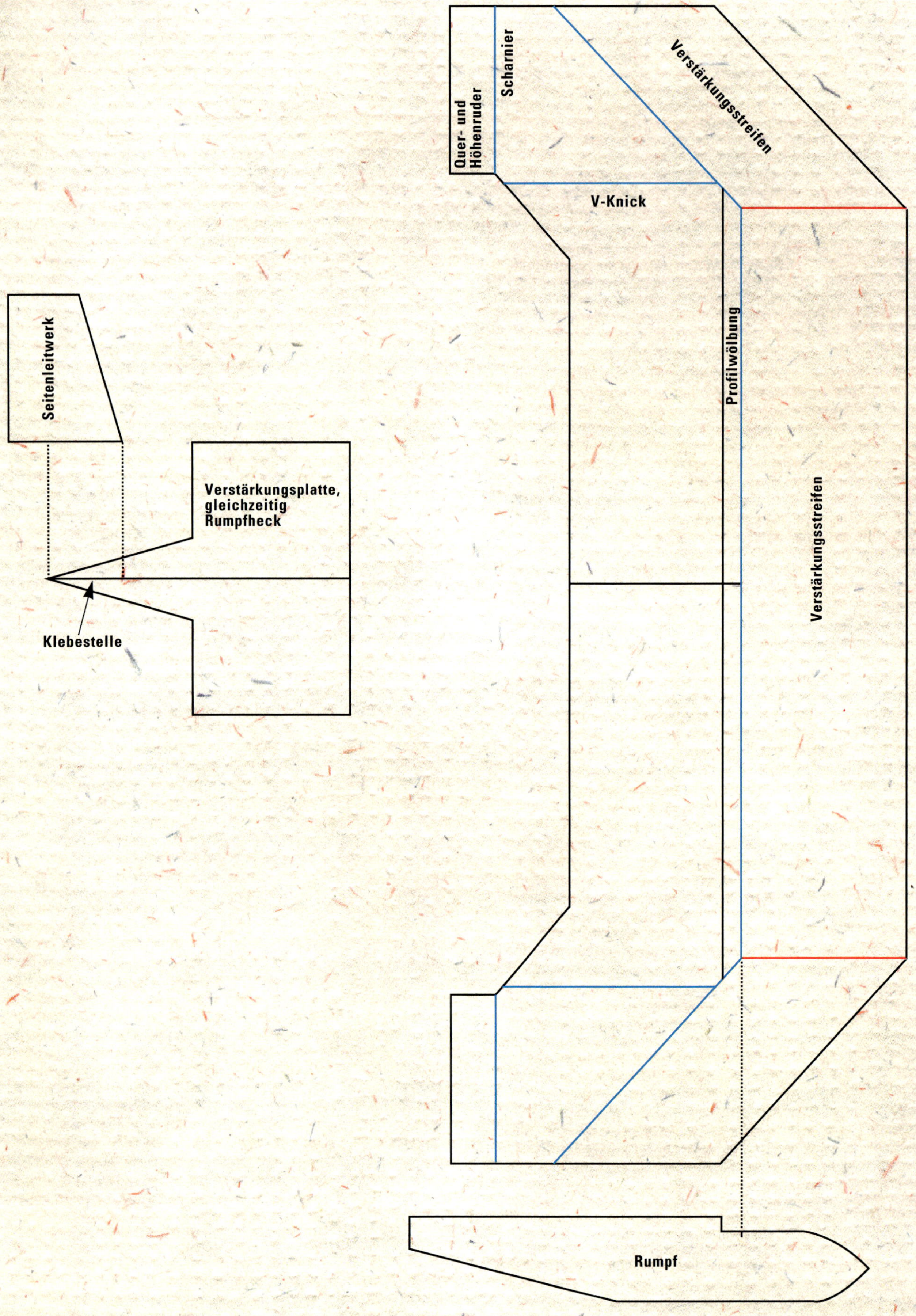
Quer- und Höhenruder
Scharnier
Verstärkungsstreifen
V-Knick
Profilwölbung
Verstärkungsstreifen
Seitenleitwerk
Verstärkungsplatte, gleichzeitig Rumpfheck
Klebestelle
Rumpf

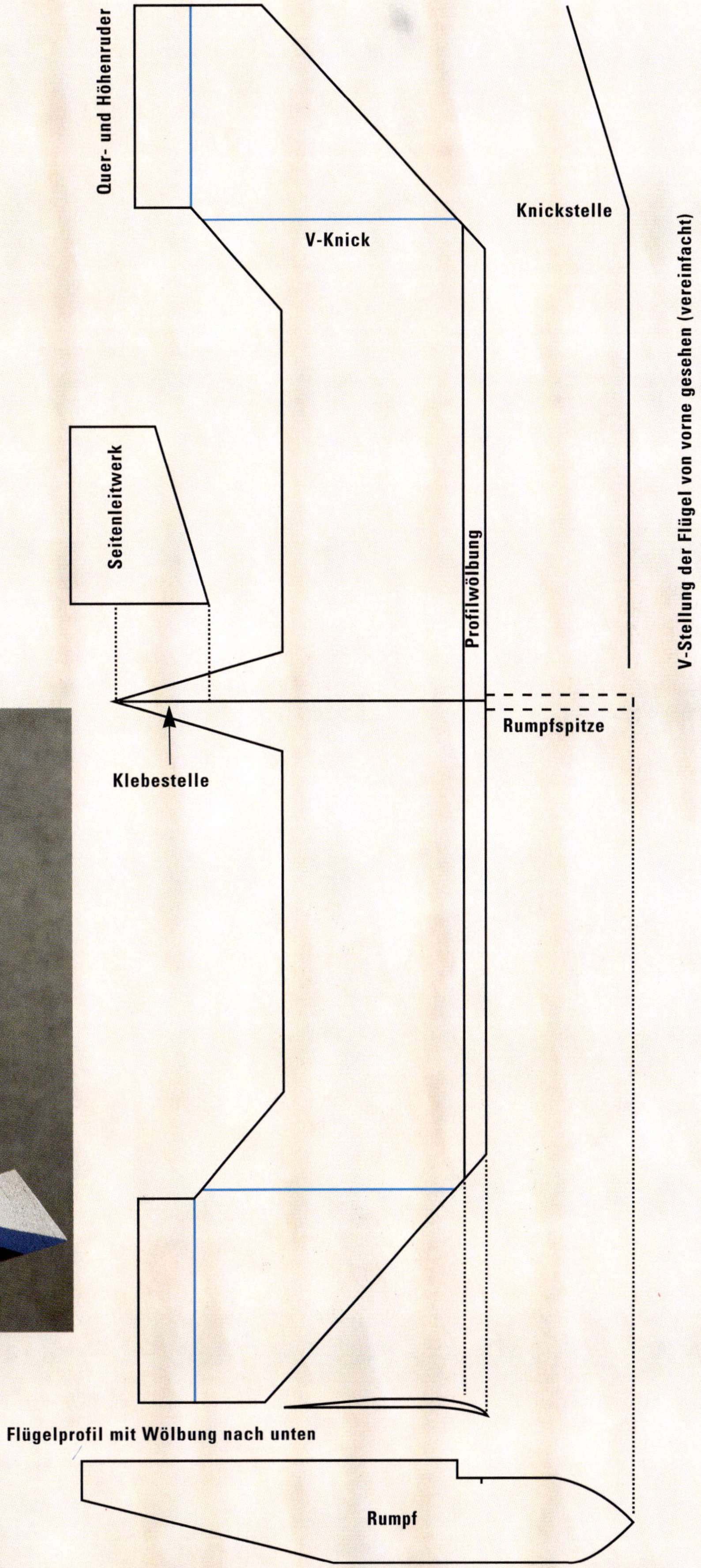
Quer- und Höhenruder
V-Knick
Knickstelle
V-Stellung der Flügel von vorne gesehen (vereinfacht)
Seitenleitwerk
Profilwölbung
Rumpfspitze
Klebestelle
Flügelprofil mit Wölbung nach unten
Rumpf

# Möwe

Bereits in den Jahren 1896 bis 1906 wurden mit Papiermodellen Experimente durchgeführt, um Theorien zum Vogelflug zu überprüfen.

Diese Möwe wurde anhand der damals gewonnenen Erfahrungen entwickelt und als Supergleiter-Modell neu konstruiert.

Sowohl Aufbau als auch Aerodynamik ist bei der Möwe etwas schwieriger als bei den anderen Modellen. Wenn Sie sich noch

*Balsaversion*

an die Grundlagen aus dem ersten Kapitel erinnern, dürfte es Ihnen nicht schwerfallen, das Modell zu verstehen. Es empfiehlt sich, zunächst mit dem Papiermodell Erfahrungen zu sammeln, bevor man das Balsamodell anfertigt. Beide Varianten können draußen selbst bei leichtem Wind am Hang geflogen werden, wenn ihr Schwerpunkt noch etwas weiter nach vorne verschoben wird.

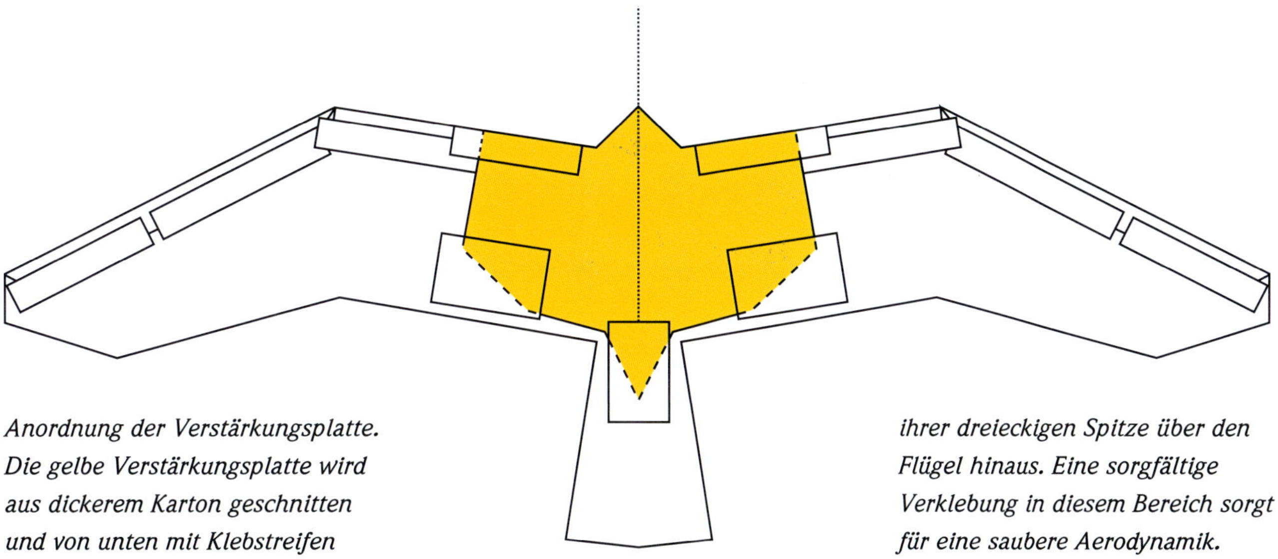

*Anordnung der Verstärkungsplatte. Die gelbe Verstärkungsplatte wird aus dickerem Karton geschnitten und von unten mit Klebstreifen am Flügel befestigt. Sie ragt mit ihrer dreieckigen Spitze über den Flügel hinaus. Eine sorgfältige Verklebung in diesem Bereich sorgt für eine saubere Aerodynamik.*



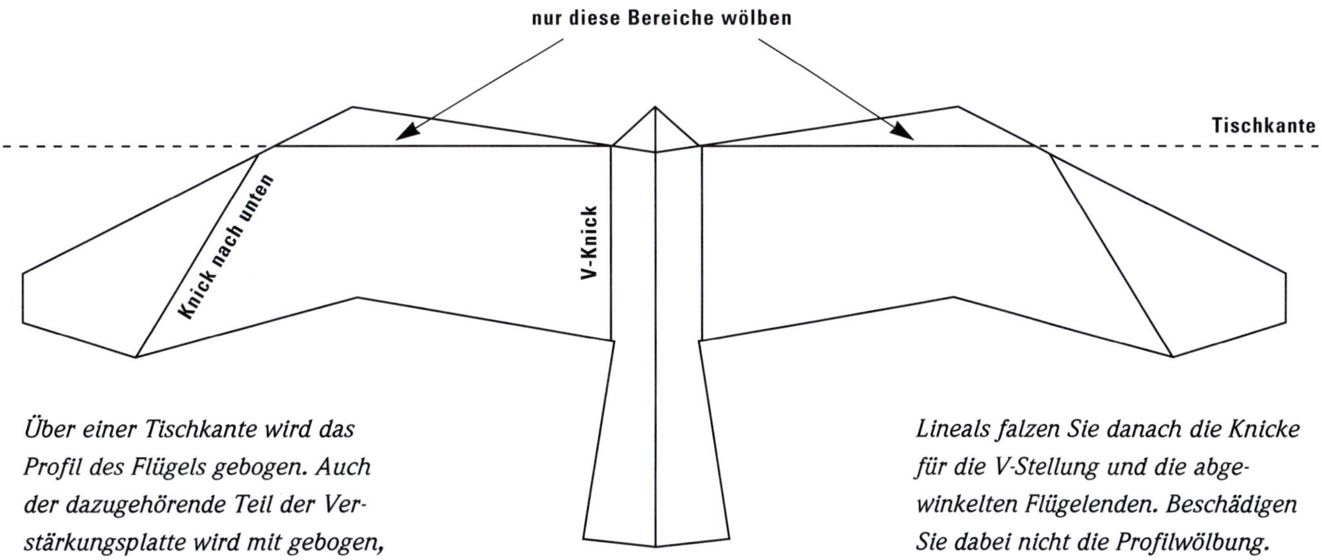


*Über einer Tischkante wird das Profil des Flügels gebogen. Auch der dazugehörende Teil der Verstärkungsplatte wird mit gebogen, außer der dreieckigen Spitze, die gerade bleibt. Mit Hilfe eines Lineals falzen Sie danach die Knicke für die V-Stellung und die abgewinkelten Flügelenden. Beschädigen Sie dabei nicht die Profilwölbung. Abschließend wird der Rumpf angeklebt.*

Verstärkungsplatte

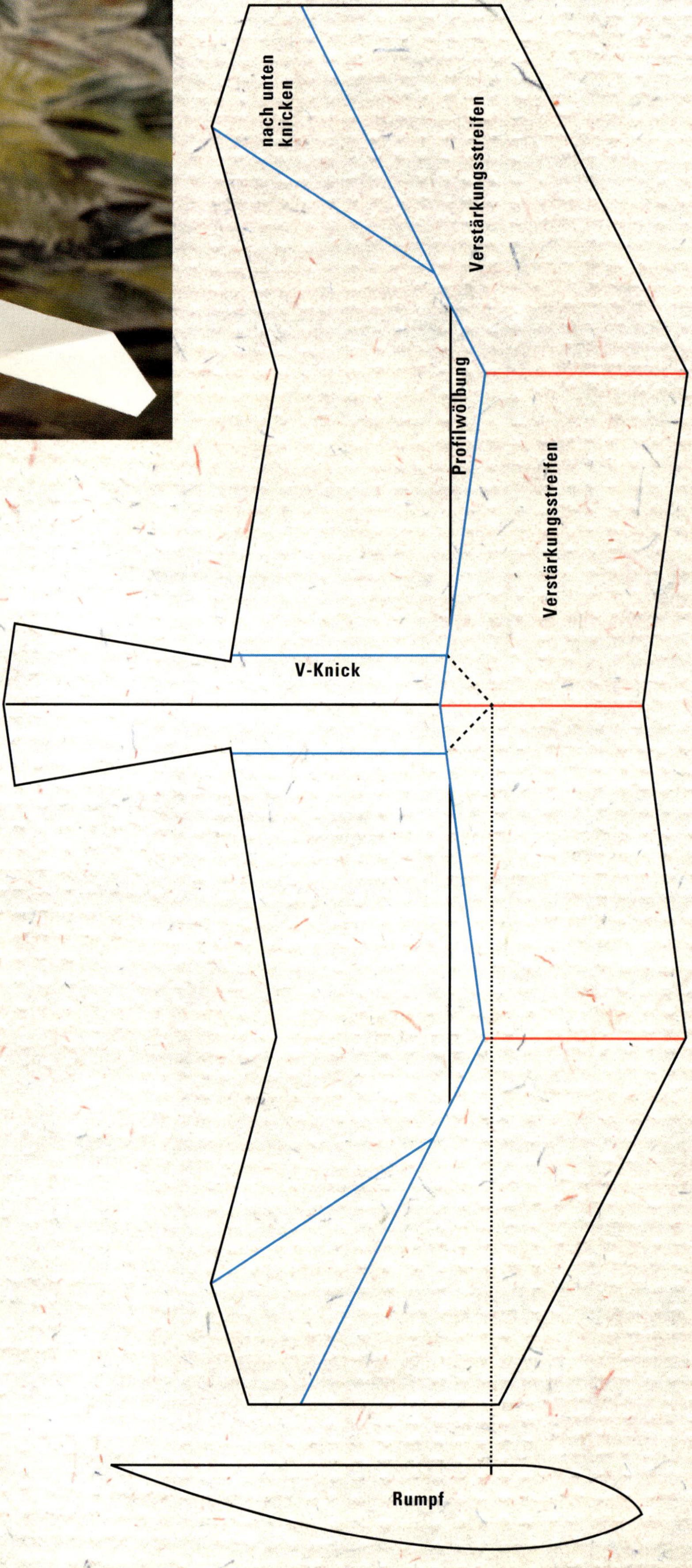
nach unten knicken
Verstärkungsstreifen
Profilwölbung
Verstärkungsstreifen
V-Knick
Rumpf

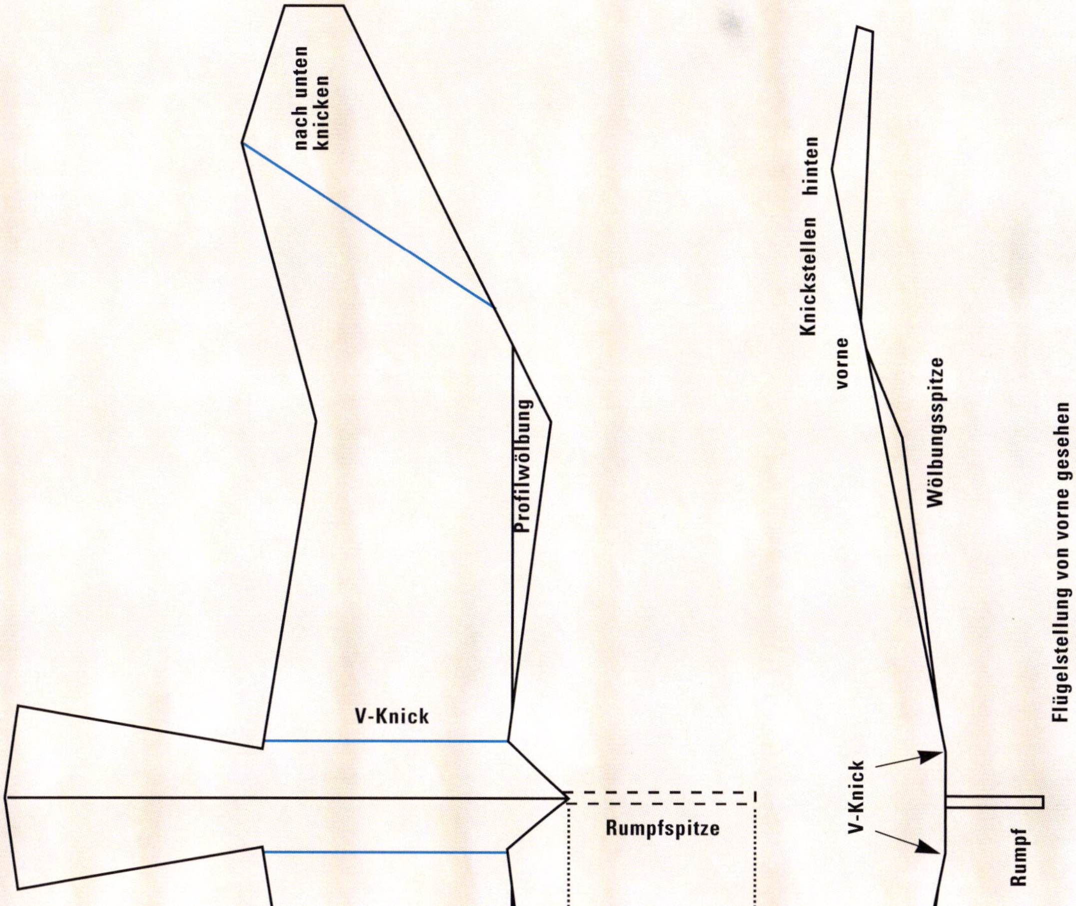




*Um die angefeuchteten Flügelnasen zu biegen (siehe Bild Seite 24 oben), arbeiten Sie am besten mit zwei Linealen, die Sie links und rechts von der Rumpfspitze unterlegen.*
*Für die abgewinkelten Flügelenden werden die Kerben auf der Flügeloberseite eingeschnitten. Diese Knicklinie verläuft von der Ecke in der Flügelhinterkante nach vorne zu einem Punkt, der 45 mm vom Flügelende entfernt ist.*

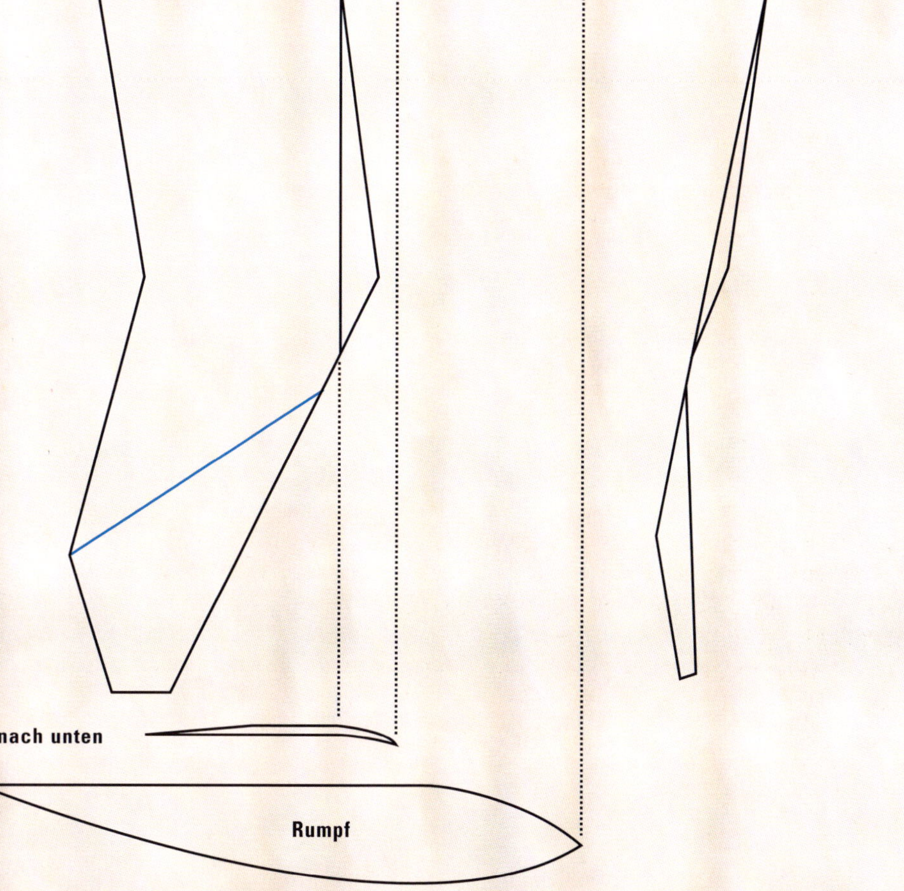

# Entenflugzeug Numero I

Entenflugzeuge sind eine weitere exotische Bauart, deren Papiermodell hiermit wohl Premiere feiern dürfte. Die Konstruktion des Flügels mit umgedrehter Pfeilform ist identisch mit dem folgenden normalen Flugmodell.

*Balsaversion*

*a An den rot markierten Stellen des Bugs werden Einschnitte gemacht und mit Hilfe eines Lineals die so entstandenen Höhenruder nach unten abgeknickt. Dadurch erhält das Leitwerk den nötigen erhöhten Auftrieb.*

*b Kleben Sie auch von oben die Verstärkungsplatte am Flügel ab, um Strömungsstörungen zu vermeiden.*

*c Die äußeren, hinteren Ecken des Flügels werden leicht aufgekantet, um die Trudelgefahr zu reduzieren. Diese Ecken dienen gleichzeitig als Querruder, um die Flugrichtung zu trimmen.*

*d Falzen Sie den Flügel vorsichtig an den markierten Stellen, und geben Sie dem Flügel eine V-Stellung.*

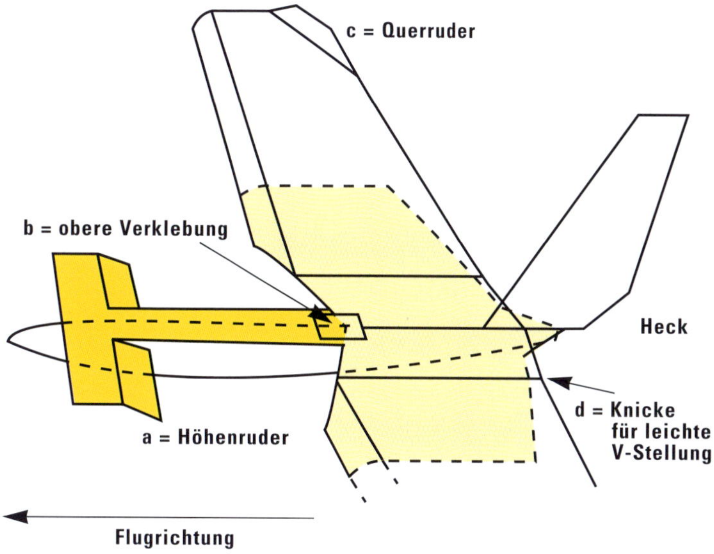




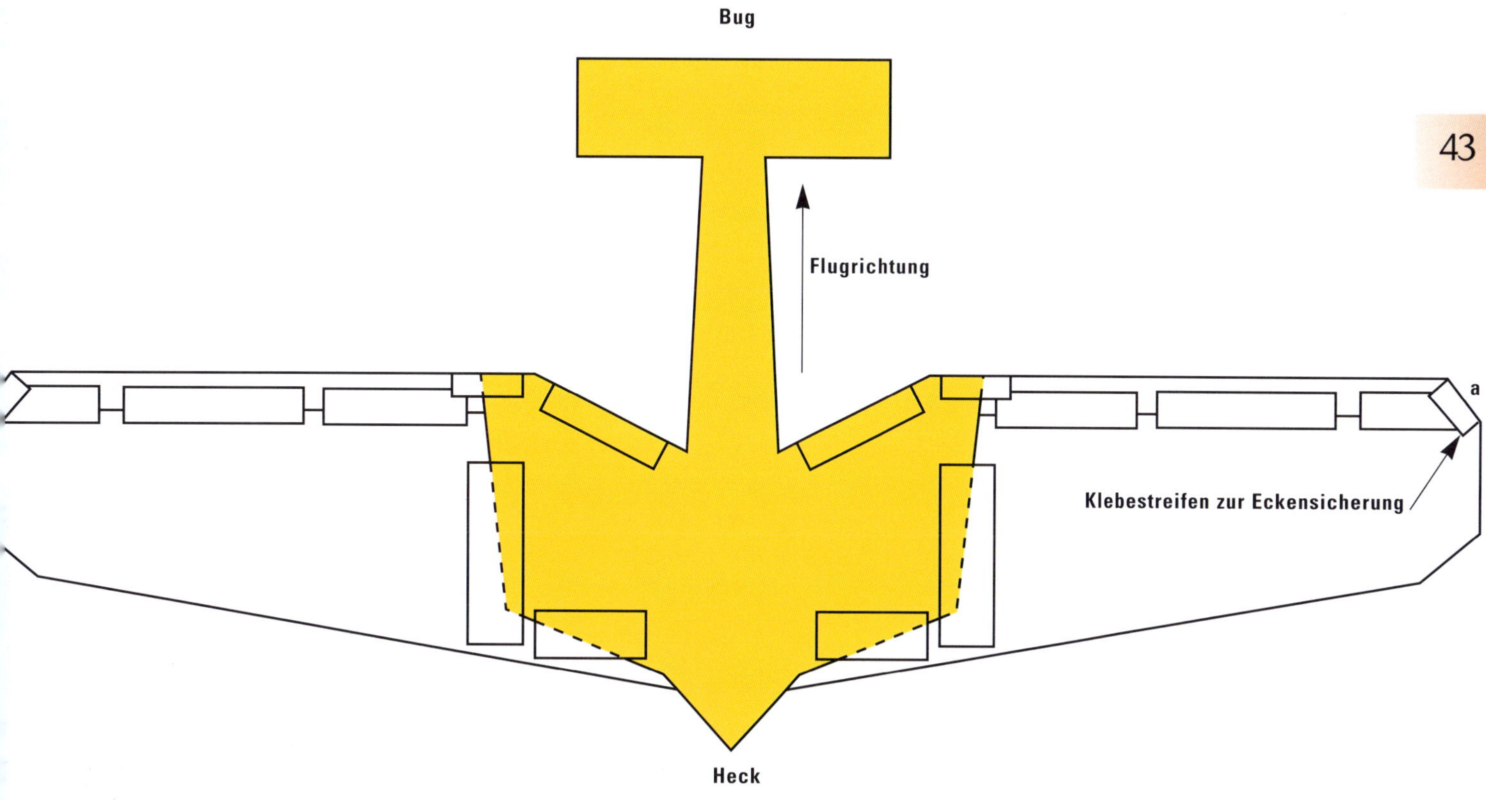


*Der Flügel wird auf die gleiche Weise wie bei den vorangegangenen Modellen gebaut. Die beiden vorderen äußeren Ecken werden abgeschnitten a und mit Klebstreifen gesichert. Dann wird eine Form aus Karton ausgeschnitten, die gleichzeitig Vorflügel (mit Höhenruder), Rumpfoberseite und Verstärkungsplatte für die Flügel ist. Sie wird mit Klebstreifen auf die Flügelunterseite geklebt. Beim Wölben des Profils darf der Rumpf nicht mitgebogen werden.*

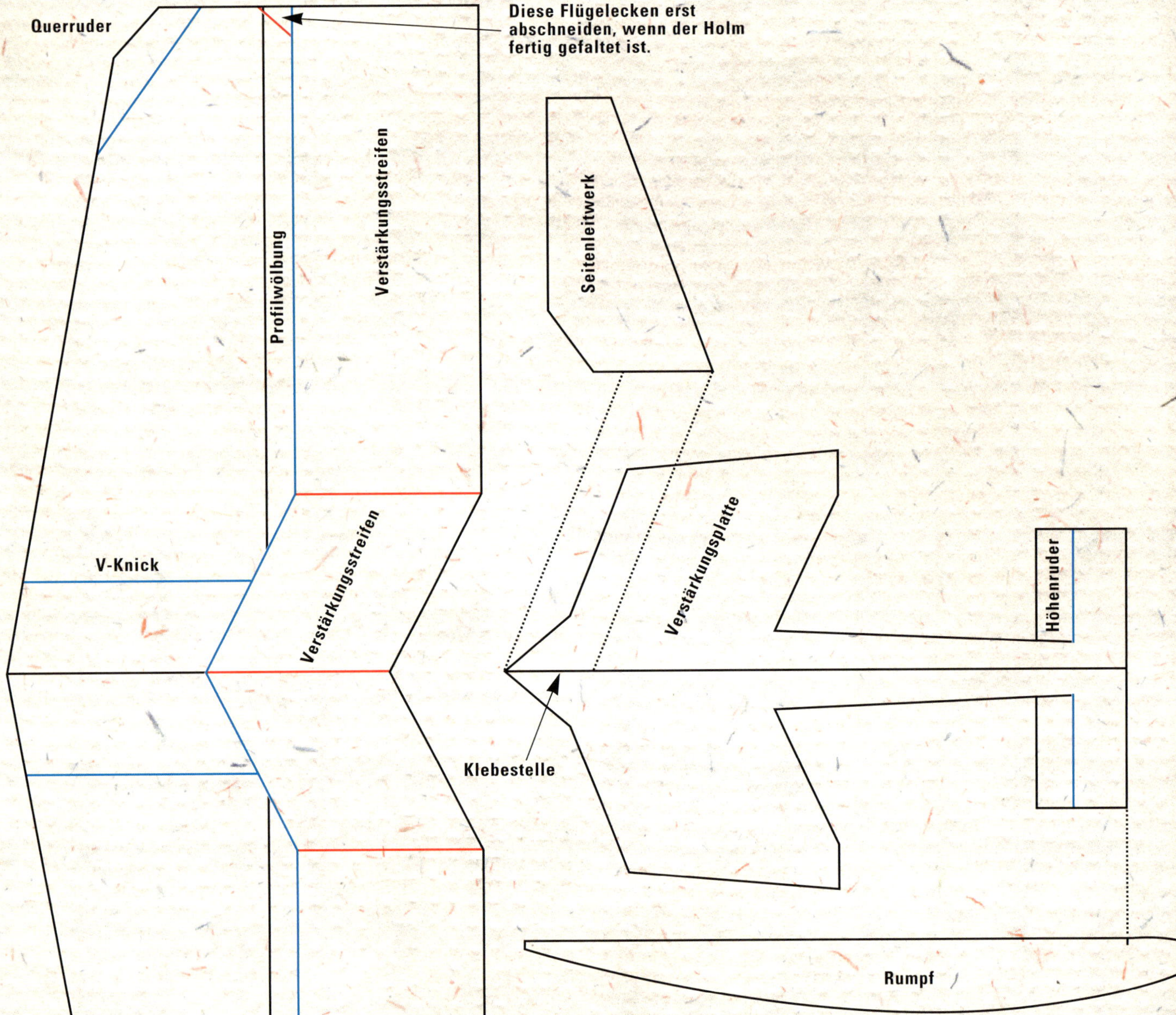
Querruder
Diese Flügelecken erst abschneiden, wenn der Holm fertig gefaltet ist.
Profilwölbung
Verstärkungsstreifen
V-Knick
Verstärkungsstreifen
Seitenleitwerk
Verstärkungsplatte
Höhenruder
Klebestelle
Rumpf

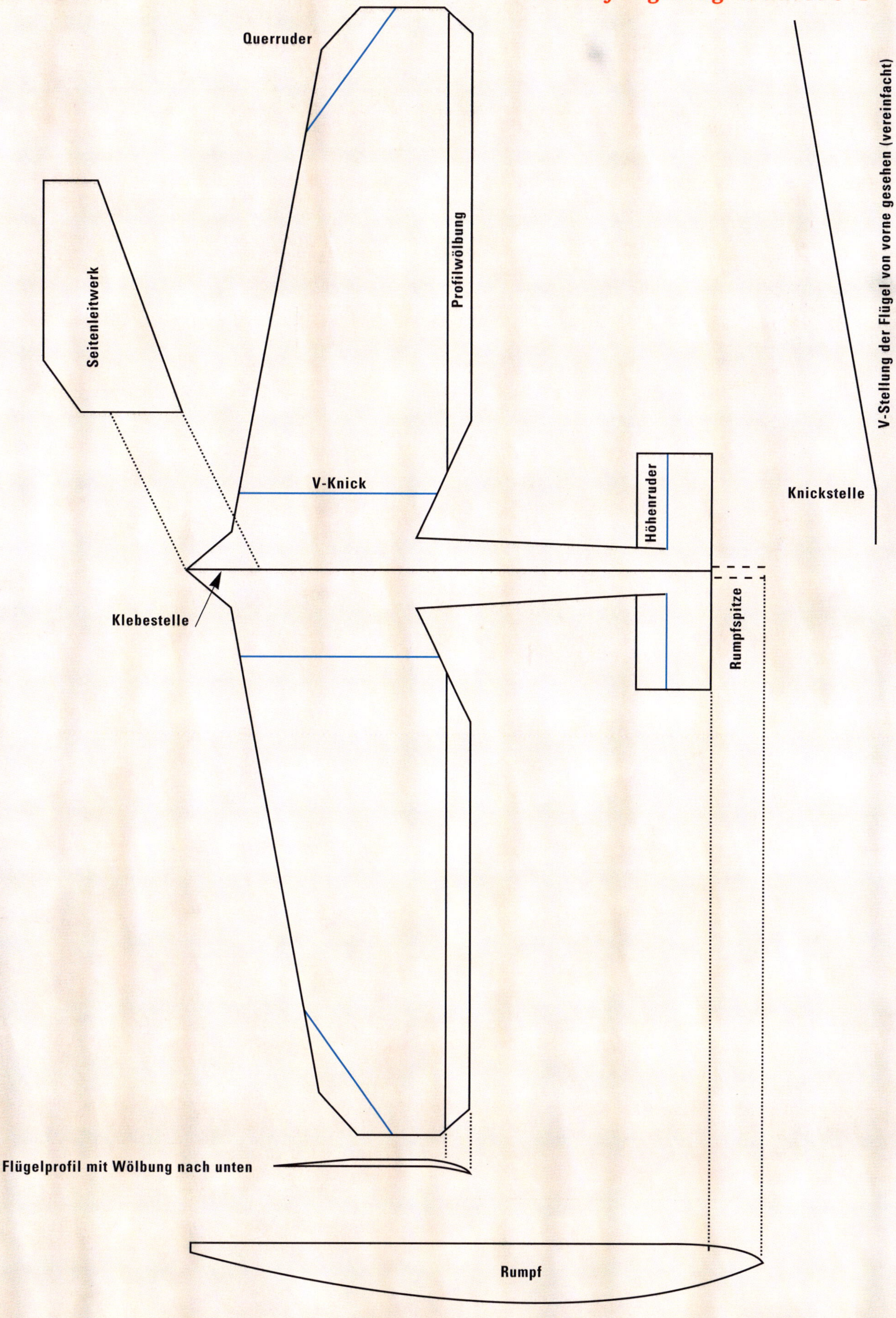
Querruder
Seitenleitwerk
Profilwölbung
V-Stellung der Flügel von vorne gesehen (vereinfacht)
V-Knick
Höhenruder
Knickstelle
Klebestelle
Rumpfspitze
Flügelprofil mit Wölbung nach unten
Rumpf

# Segler mit Vorwärtspfeilung

Der Flügel dieses Modells ist identisch mit dem des vorangegangenen Entenflugzeugs. Die Kartonplatte, die den Flügel in der Mitte verstärkt und gleichzeitig Leitwerk und Rumpfoberseite bildet, wird nun allerdings andersherum am Flügel befestigt. Um den Schwerpunkt an die richtige Stelle zu bekommen, braucht dieses Modell besonders viel Gewicht. Versuchen Sie es mit zwei kleinen oder einer großen Büroklammer.

*Balsaversion*

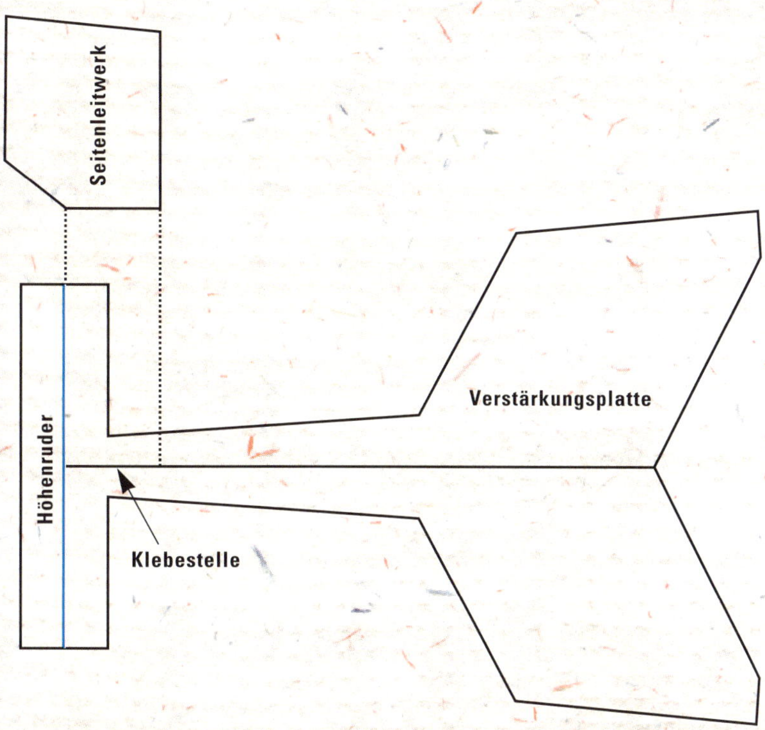
Seitenleitwerk
Verstärkungsplatte
Höhenruder
Klebestelle

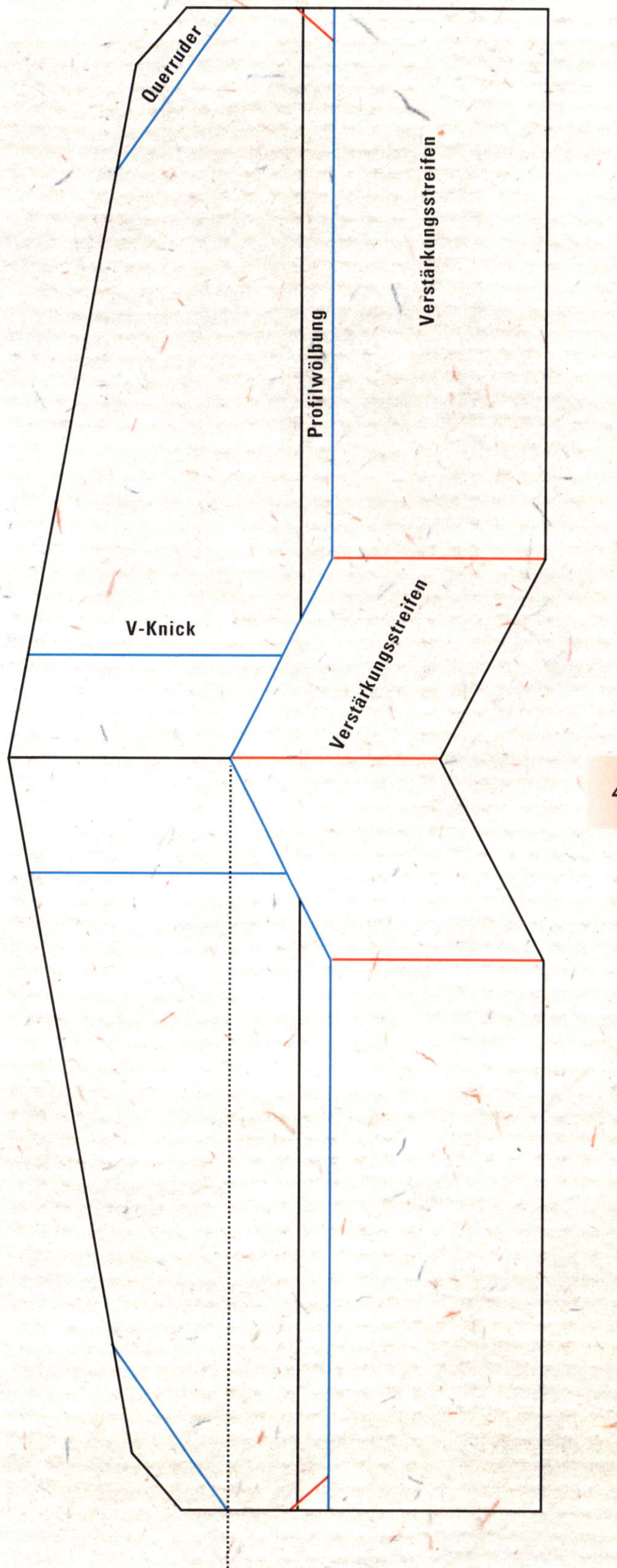
Querruder
Verstärkungsstreifen
Profilwölbung
V-Knick
Verstärkungsstreifen

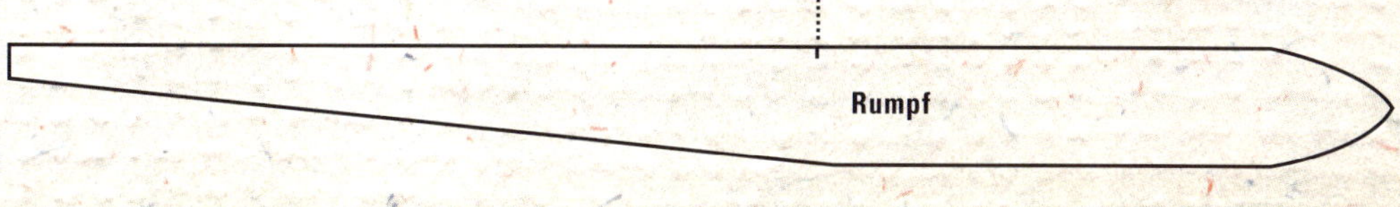
Rumpf

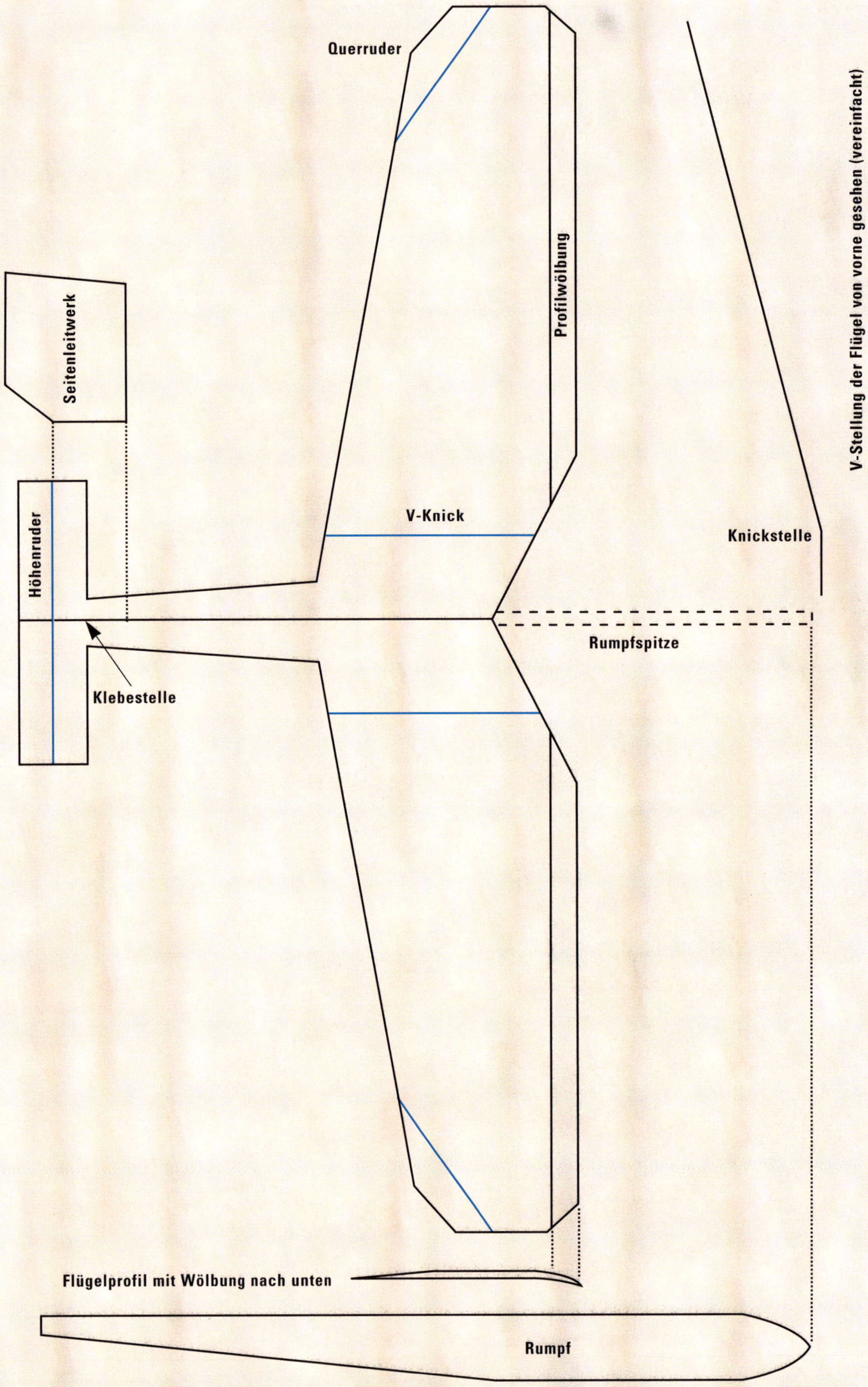
Querruder
Profilwölbung
V-Stellung der Flügel von vorne gesehen (vereinfacht)
Seitenleitwerk
Höhenruder
V-Knick
Knickstelle
Rumpfspitze
Klebestelle
Flügelprofil mit Wölbung nach unten
Rumpf

# Nurflügler mit Vorwärtspfeilung

Der Flügel dieses Modells ist den beiden vorangegangenen recht ähnlich. Jedoch ist die V-Stellung etwas schwächer und an der Flügelhinterkante in der Mitte ist der Flügel verbreitert und nach oben gezogen, um für den nötigen S-Schlag zu sorgen und als Höhenruder zu dienen. Der S-Schlag hat also hier eine grundlegend andere Ausbildung als bei den sonstigen Nurflüglern. Achten Sie deswegen darauf, daß Sie das Flügelprofil nicht zu stark krümmen, um dem Modell noch einen stabilen Gleitflug zu ermöglichen.

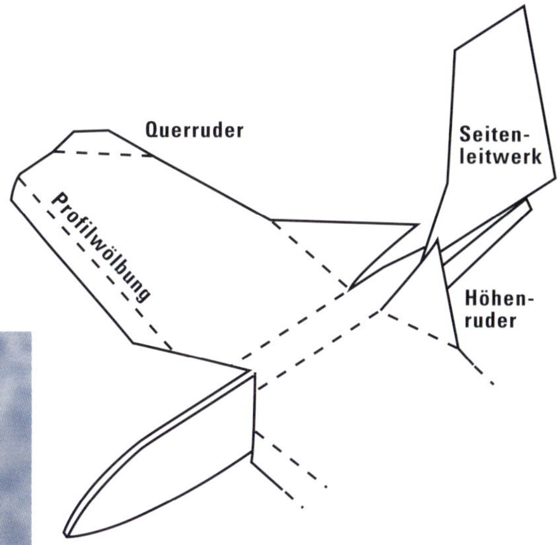


*Diese Skizze zeigt das fertige Modell. Achten Sie insbesondere auf folgende Details: In der Mitte hat der Flügel eine größere Tiefe als die anderen Modelle mit vorwärtsgepfeiltem Flügel und einen starken S-Schlag (Höhenruder), um die Querachse zu stabilisieren. Auch die Querruder an den Flügelenden sind hochgezogen. Das Seitenleitwerk wurde vergrößert, um trotz des kurzen Hebelarms eine richtungsstabilisierende Wirkung zu erzielen.*

*Balsaversion*

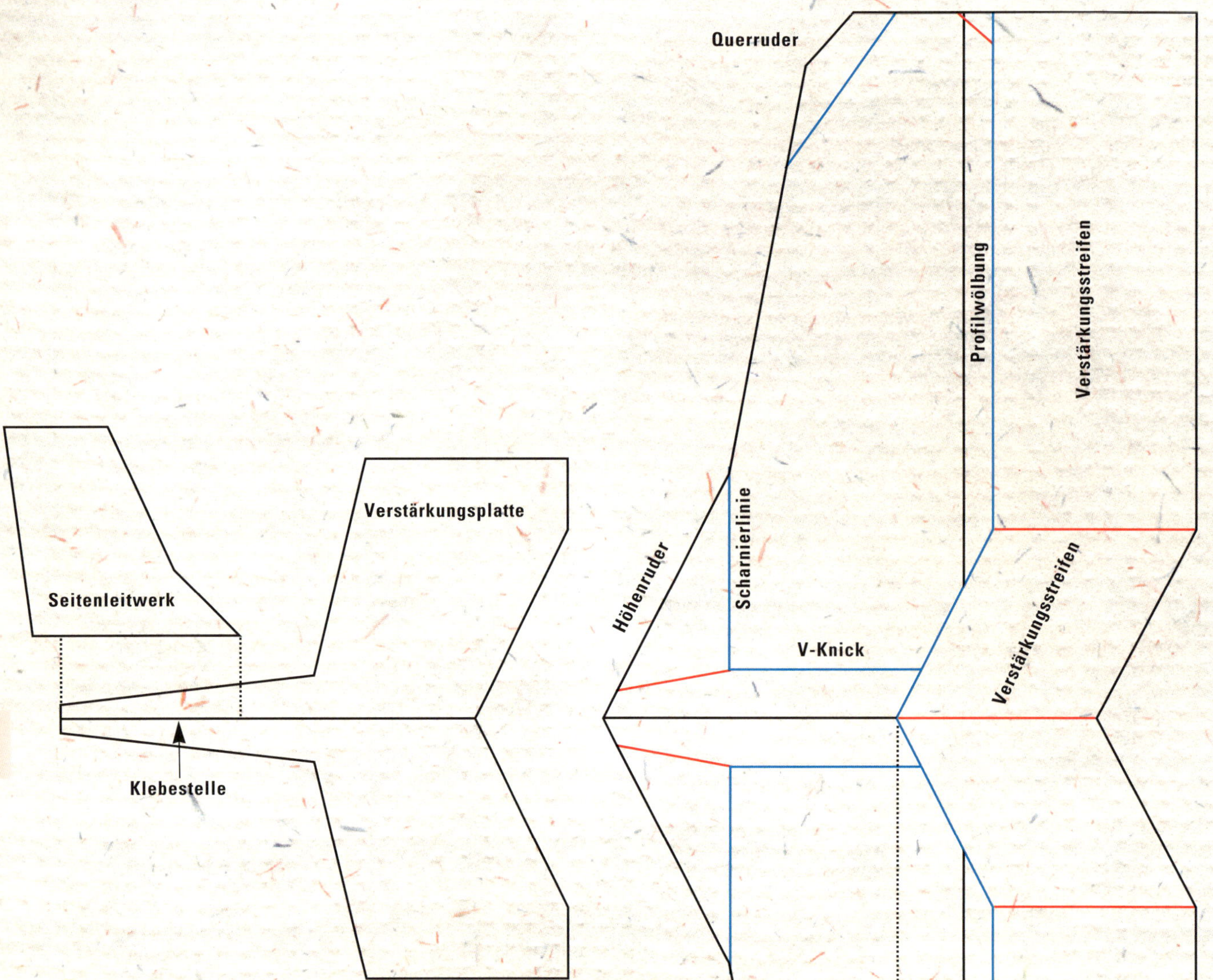
Querruder
Profilwölbung
Verstärkungsstreifen
Seitenleitwerk
Verstärkungsplatte
Höhenruder
Scharnierlinie
V-Knick
Verstärkungsstreifen
Klebestelle

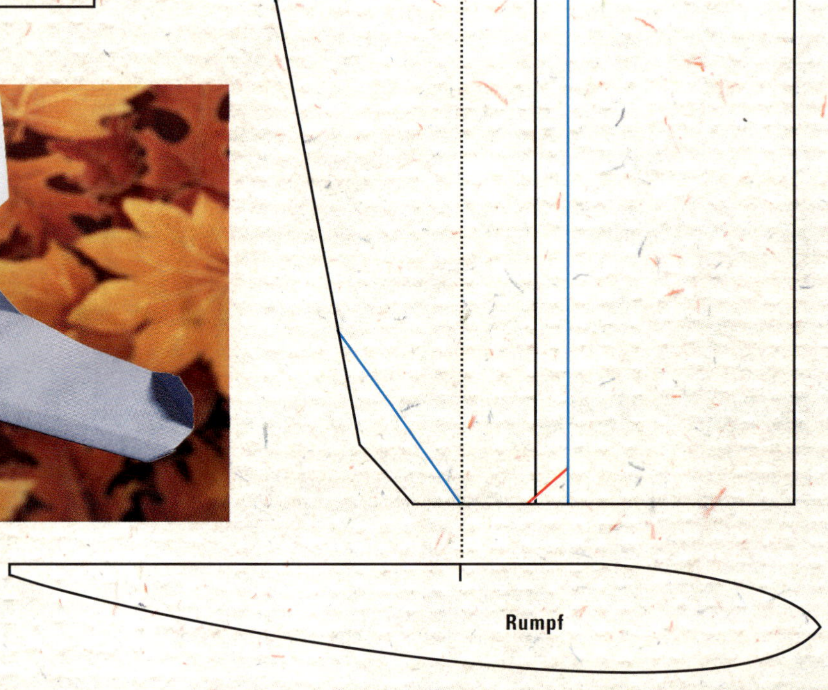
Rumpf

*Balsaversion*

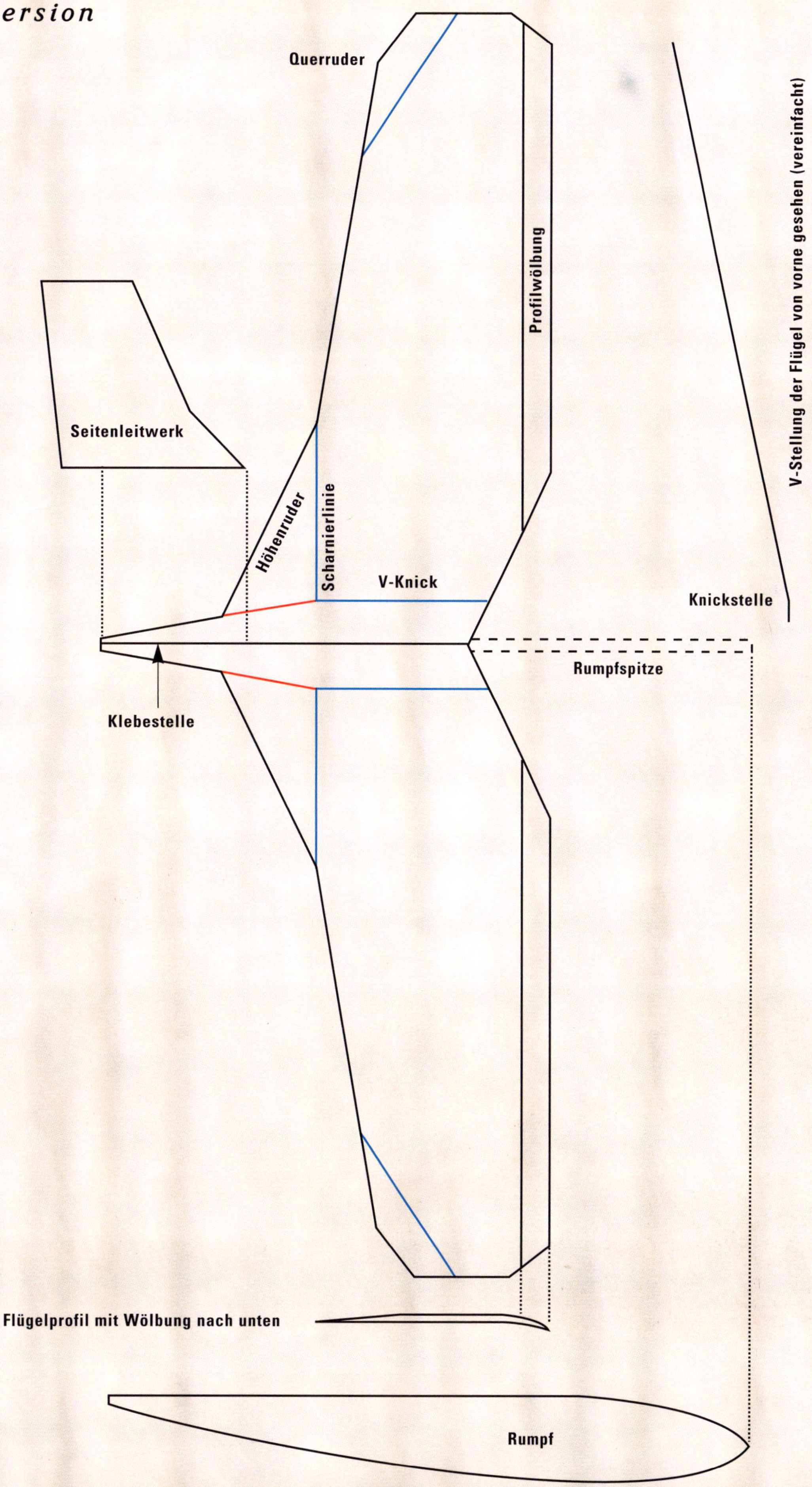

# Segler mit Pfeilflügel

Dieses Modell hat ein klassisches Höhen- und Seitenleitwerk. Die Enden der Flügel sind ähnlich der Möwe nach unten, aber nicht schräg zur Flugrichtung abgewinkelt. Direkt davor ist der Flügel an beiden Seiten etwas verbreitert und hat einen S-Schlag, was dem Modell zusätzliche Flugstabilität verleiht. Für die richtige Schwerpunktlage bedarf das Modell eines relativ großen Gewichtes ganz vorne. Versuchen Sie es mit zwei kleinen oder einer großen Büroklammer.

*Balsaversion*

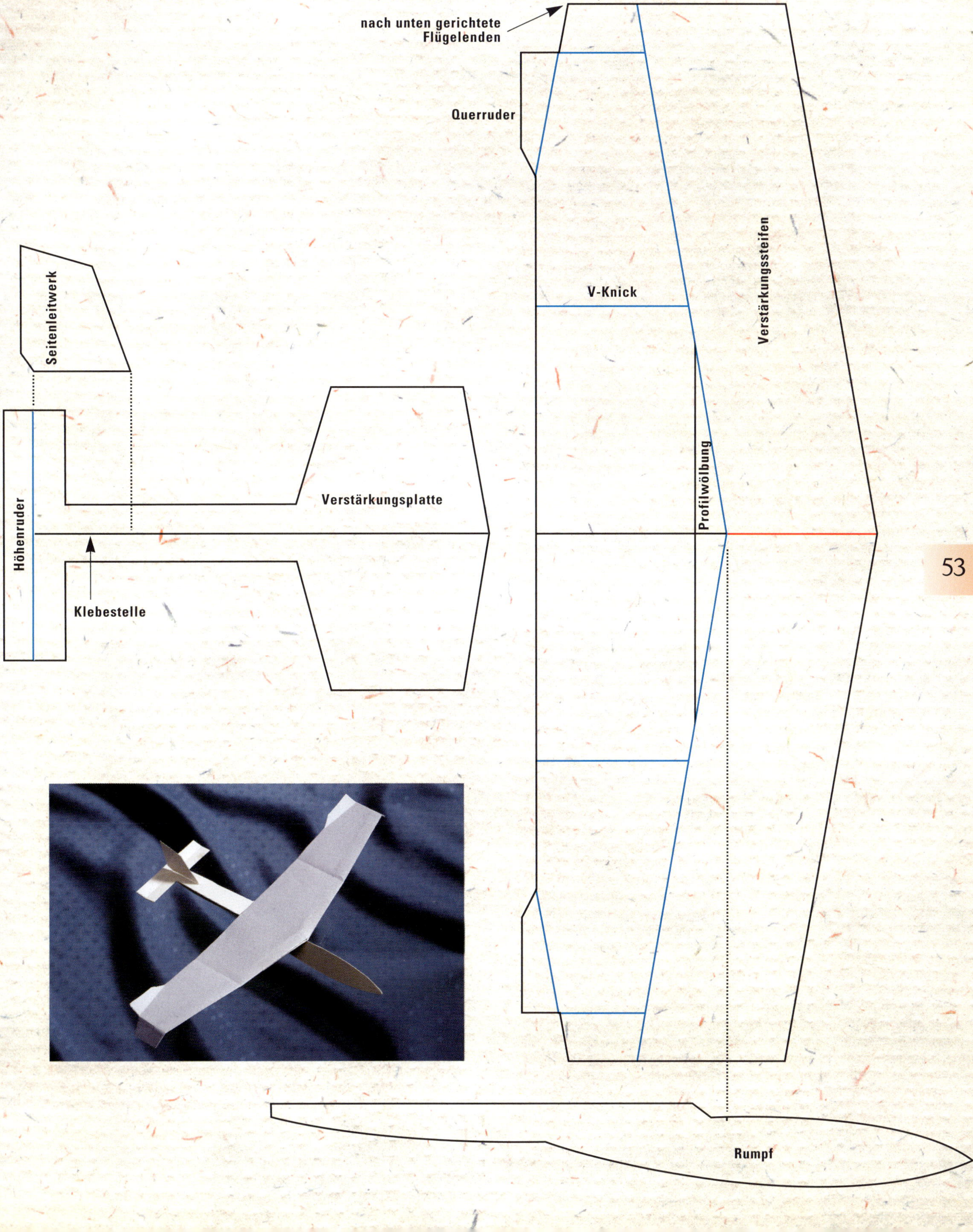
nach unten gerichtete Flügelenden
Querruder
V-Knick
Verstärkungssteifen
Profilwölbung
Seitenleitwerk
Höhenruder
Verstärkungsplatte
Klebestelle
Rumpf

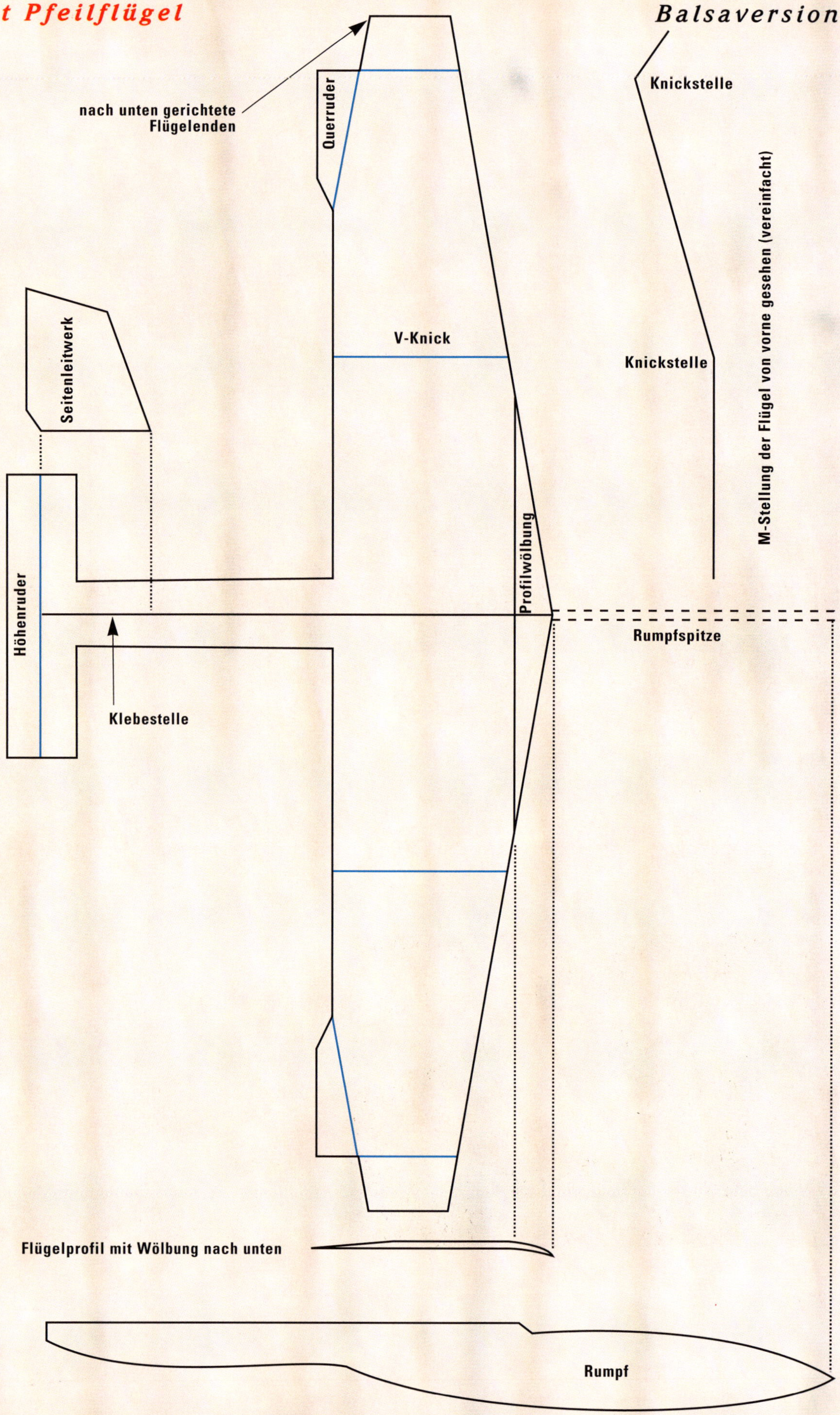
Knickstelle
nach unten gerichtete Flügelenden
Querruder
M-Stellung der Flügel von vorne gesehen (vereinfacht)
Seitenleitwerk
V-Knick
Knickstelle
Profilwölbung
Höhenruder
Rumpfspitze
Klebestelle
Flügelprofil mit Wölbung nach unten
Rumpf

# Bussard

Dieses Modell ähnelt in seiner Form einem Bussard. Seine Bauweise entspricht in etwa der der Möwe, hat jedoch eine wesentlich einfachere Geometrie. Die Stelle, an der die Flügelform nach hinten abknickt, ist 56 mm von der Mittellinie entfernt. Der Flügel hat dort eine Tiefe von 33 mm. An beiden Flügelenden steht vorne je eine einzelne „Feder" ab. Sie sollten leicht nach oben abgewinkelt sein.

*Papierversion*

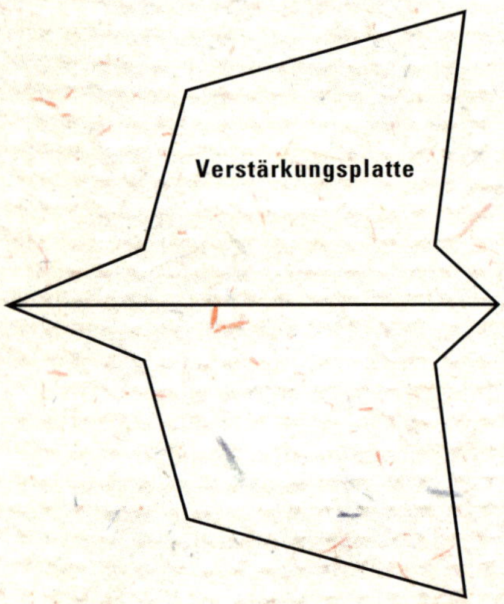


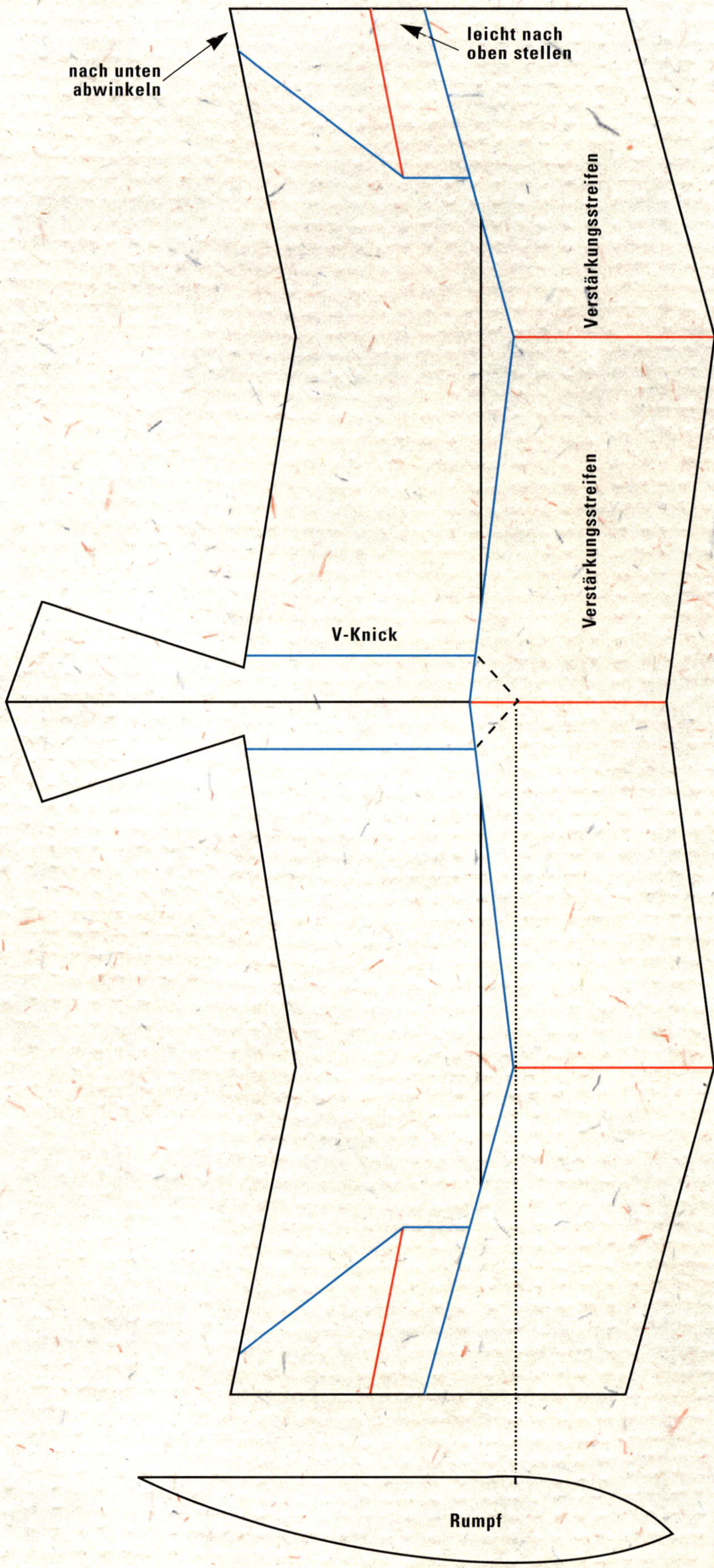


*Die vordere Spitze der Verstärkungsplatte ragt über den Flügel hinaus (siehe Balsa-Bauplan). Von dieser Spitze an ragt der Rumpf frei vor.*

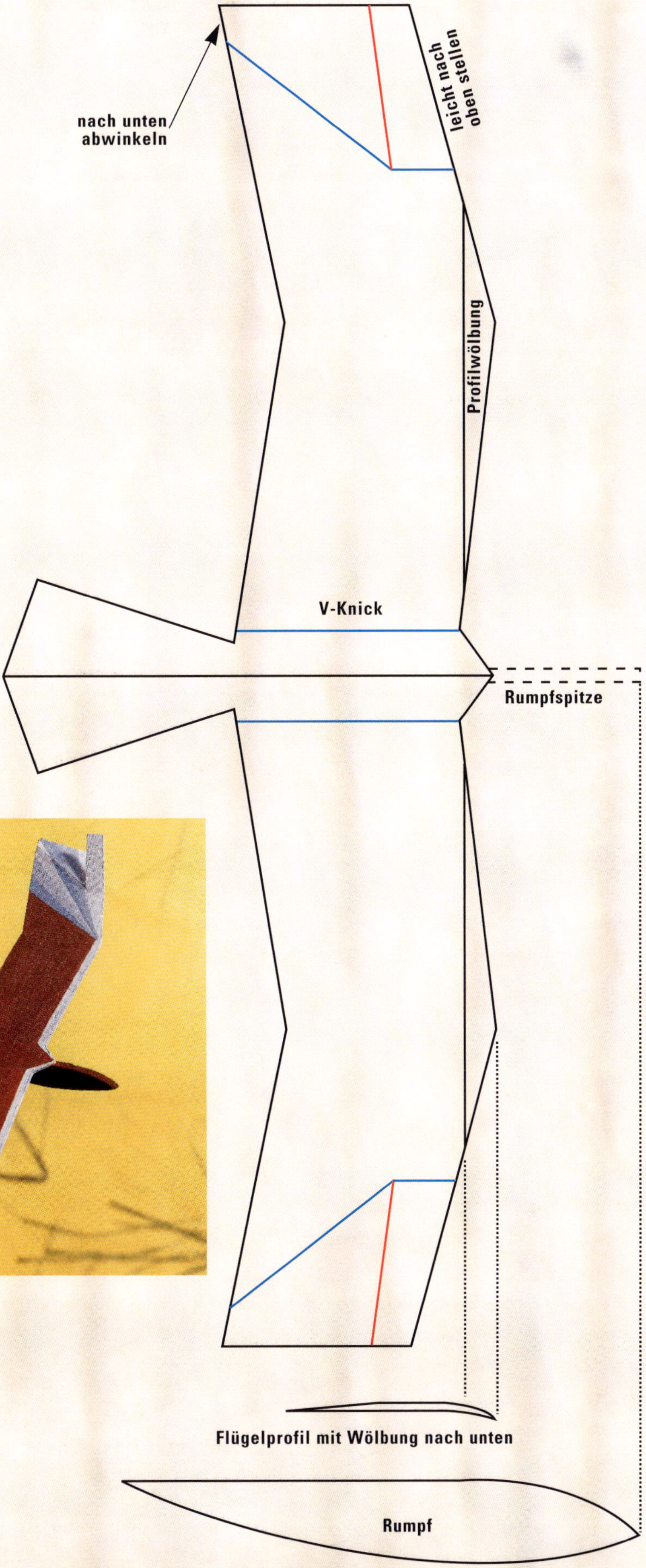
nach unten abwinkeln
leicht nach oben stellen
Profilwölbung
V-Knick
Rumpfspitze
Flügelprofil mit Wölbung nach unten
Rumpf

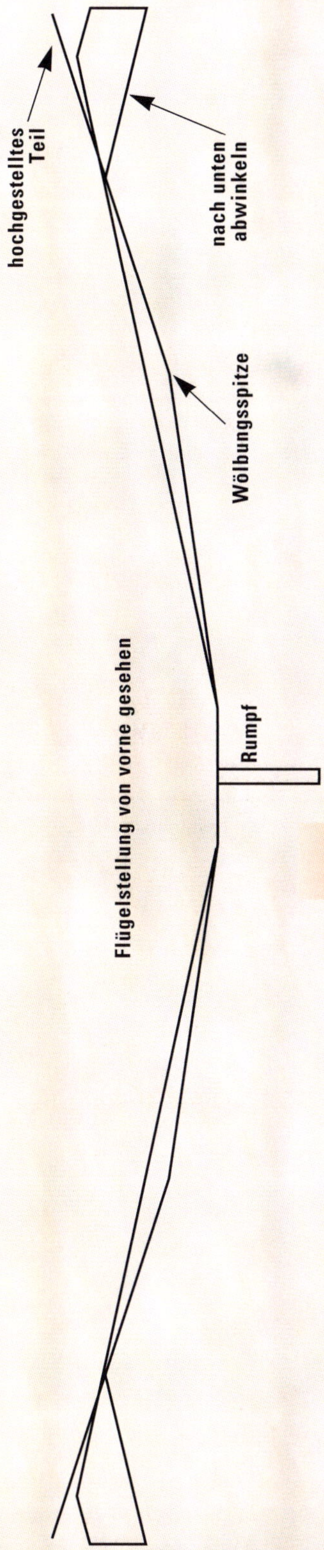
hochgestelltes Teil
nach unten abwinkeln
Wölbungsspitze
Flügelstellung von vorne gesehen
Rumpf

# Segler mit Pfeilflügel und V-Leitwerk

Dieses Modell hat als Besonderheit am Heck ein V-förmiges Leitwerk, das sowohl Höhen- als auch Seitenleitwerk ist. Seine Flügel haben eine normale Pfeilung und an ihren Enden einen S-Schlag. Das Modell eignet sich besonders für einen Flug am Hang, wo es Zeit hat, sich in eine stabile Fluglage einzupendeln.

*Balsaversion*



*Bei diesem Modell dient der gesamte Heckflügel als Leitwerk mit Höhen- und Seitenruder. Die Hinterkante des mittleren Teils des Höhenflügels ist leicht nach oben gestellt, um die Stabilität um die Querachse zu verbessern. Sie dient als Höhenruder a. Die nötige Richtungsstabilität entsteht durch die starke V-Stellung des Heckflügels, der so gleichzeitig als Seitenruder b dient.*
*Zum guten Flug benötigt das Modell an der Rumpfspitze reichlich Ballast (zum Beispiel eine große oder zwei kleine Büroklammern).*

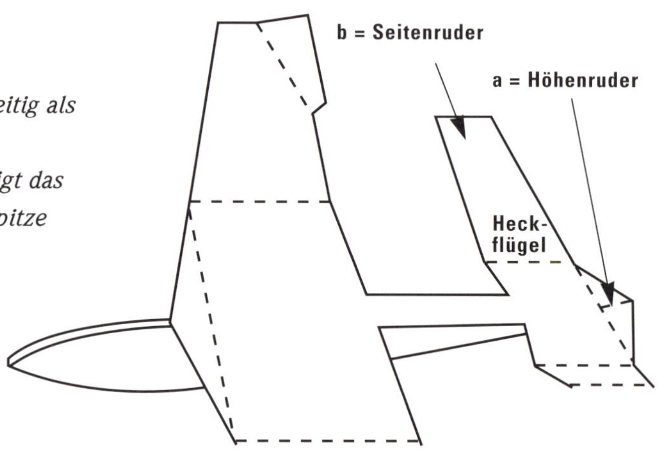

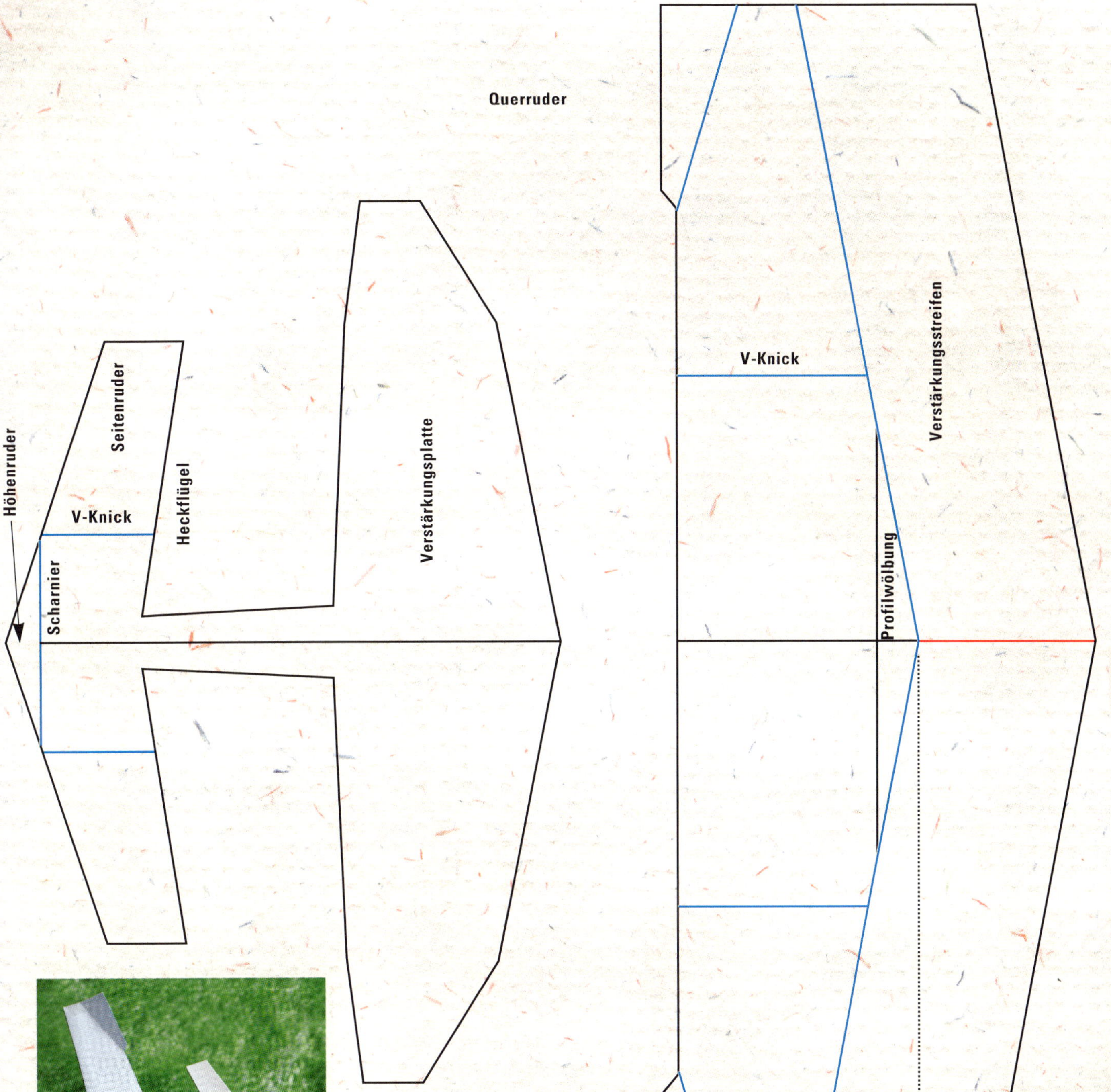
Querruder
V-Knick
Verstärkungsstreifen
Profilwölbung
Verstärkungsplatte
Seitenruder
Heckflügel
V-Knick
Höhenruder
Scharnier

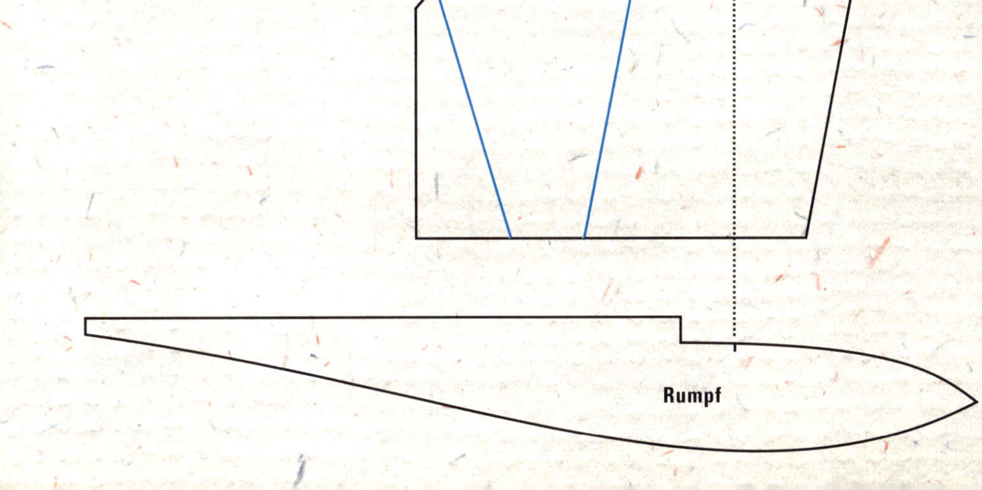
Rumpf

## *Balsaversion*

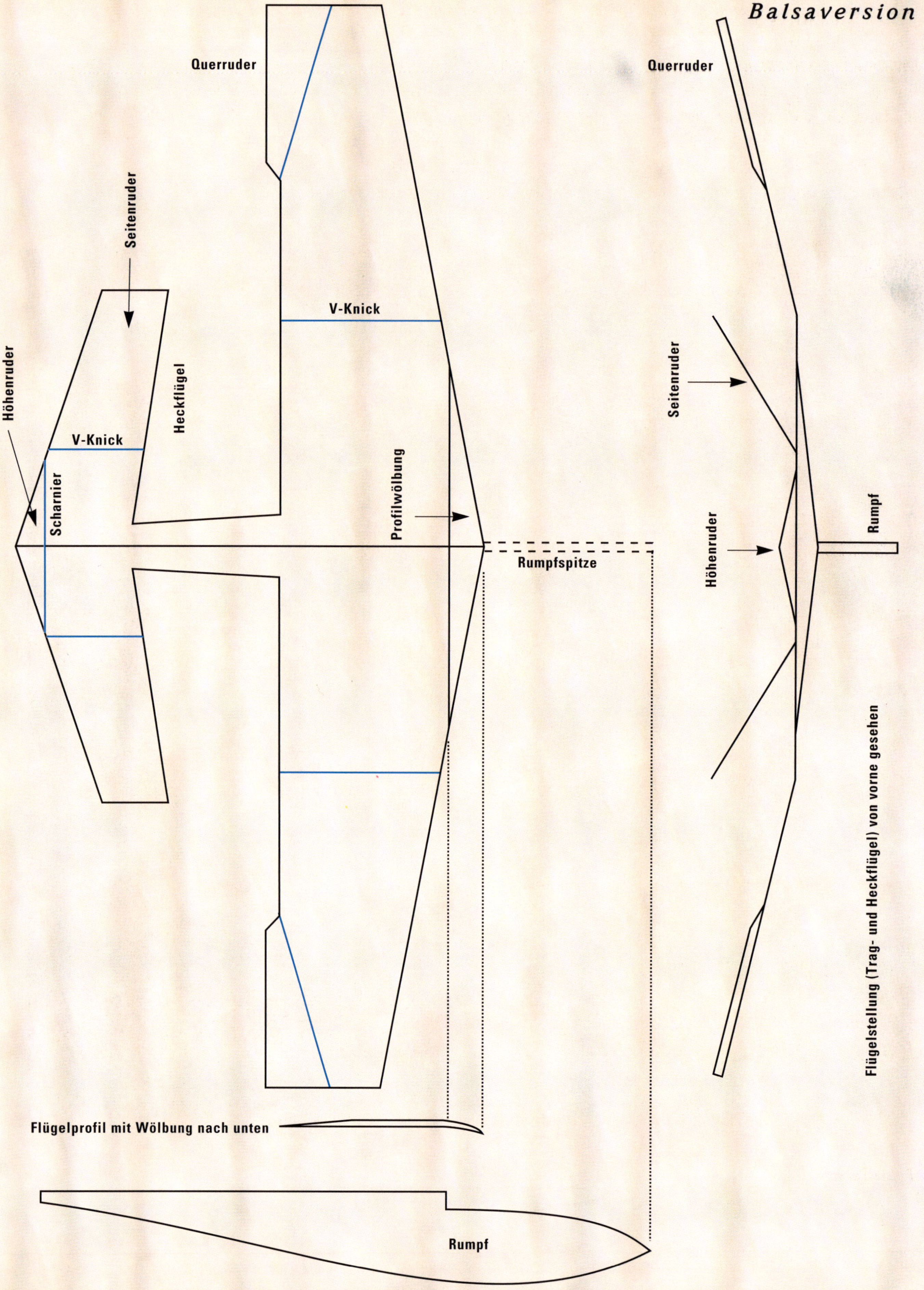

# Entenflugzeug Numero II

Der Unterschied zum ersten Entenflugzeug besteht in der kürzeren Bauform. Um für ausreichende Querstabilität zu sorgen, muß das Höhenleitwerk entsprechend größer ausfallen. Bei der Papierversion wird das Höhenleitwerk in einem Stück zusammen mit Verstärkungsplatte und Rumpfoberseite hergestellt. Nehmen Sie dafür den kräftigeren Karton, da das große Leitwerk sonst nicht steif genug wäre. Achten Sie darauf, daß das Seitenleitwerk genau auf der Mittellinie steht und gerade ist, damit das Modell keine Kurven fliegt.

*Papierversion*

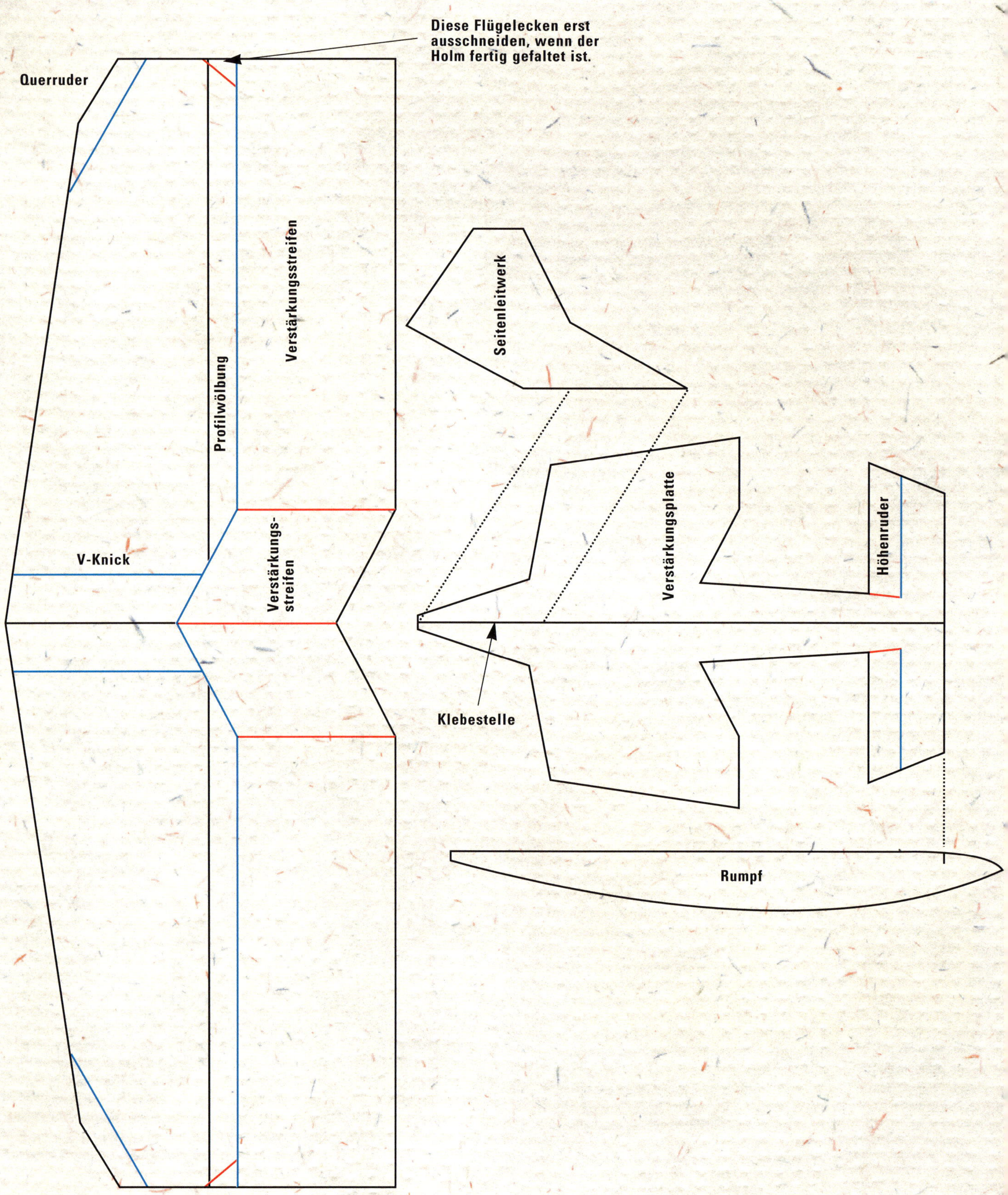
Diese Flügelecken erst ausschneiden, wenn der Holm fertig gefaltet ist.
Querruder
Profilwölbung
Verstärkungsstreifen
V-Knick
Verstärkungs-streifen
Seitenleitwerk
Verstärkungsplatte
Höhenruder
Klebestelle
Rumpf

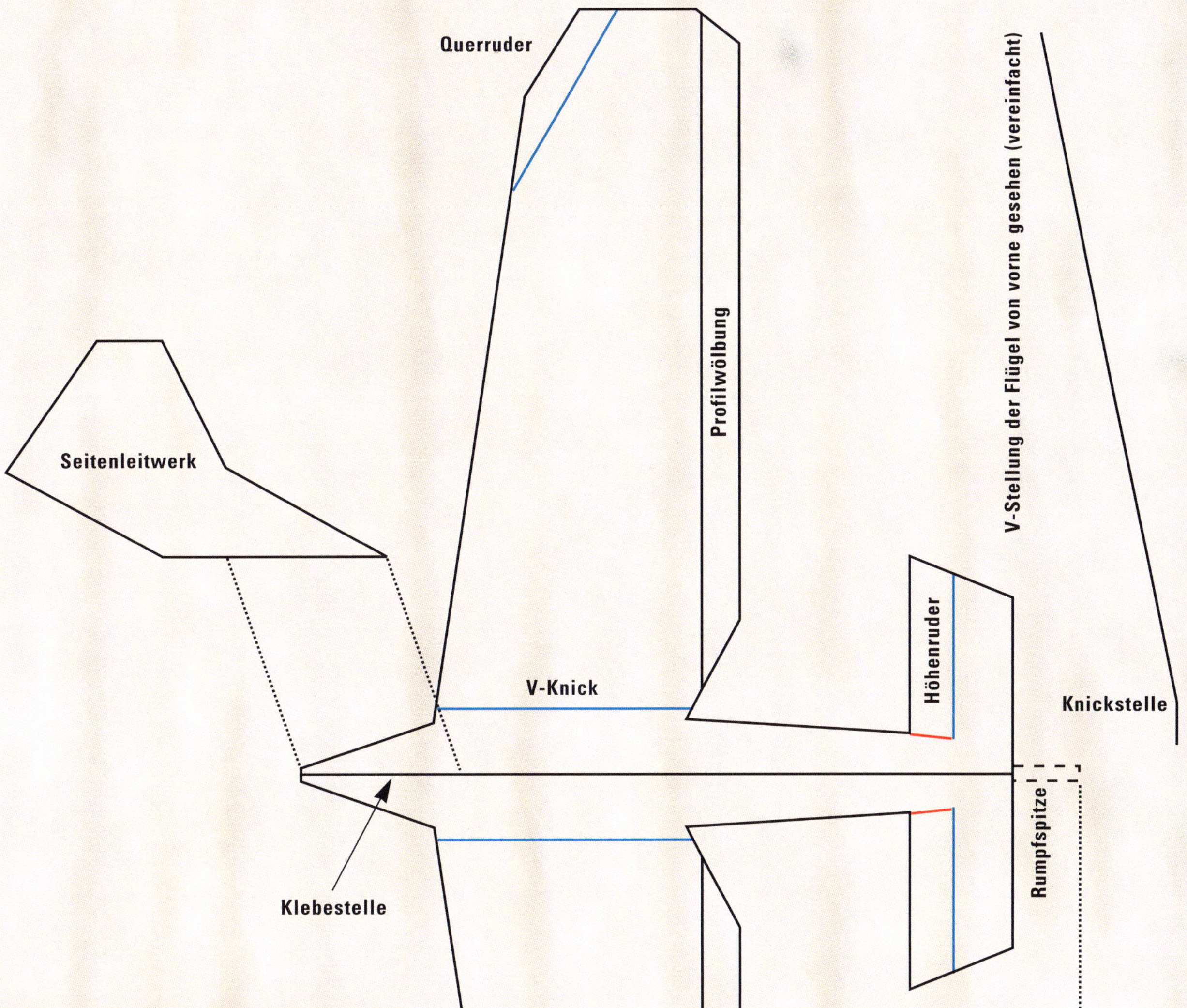
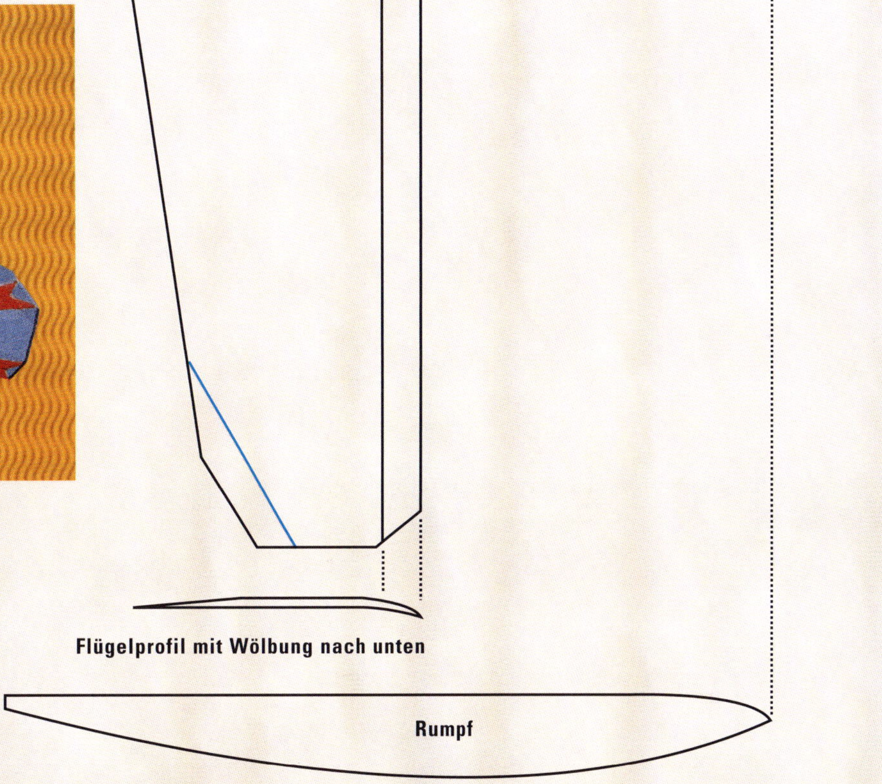
Querruder
Profilwölbung
V-Stellung der Flügel von vorne gesehen (vereinfacht)
Seitenleitwerk
V-Knick
Höhenruder
Knickstelle
Klebestelle
Rumpfspitze
Flügelprofil mit Wölbung nach unten
Rumpf

*Der Verfasser bedankt sich recht herzlich bei*
*Frau Alida Martinello, Vicenca*
*Herrn Prof. Karl Nickel, Freiburg i. Breisgau*
*Herrn Dipl.-Ing. Diedrich Rotert, Hannover*

Die Deutsche Bibliothek -
CIP-Einheitsaufnahme

**Supergleiter** : perfekte Flugmodelle aus Papier und Balsaholz ; schnell gebaut ; mit Fluggarantie / Curzio Vivarelli. -Augsburg : Augustus-Verl., 1999
ISBN 3-8043-0536-9





Die im Buch veröffentlichten Ratschläge wurden von Verfasser und Verlag sorgfältig erarbeitet und geprüft. Eine Garantie kann dennoch nicht übernommen werden. Ebenso ist die Haftung der Verfasser bzw. des Verlages und seiner Beauftragten für Personen-, Sach- und Vermögensschäden ausgeschlossen.



Umschlagfoto: Klaus Lipa, Augsburg
Lektorat: Martin Reck, Cölbe und Manfred Braun
Umschlaggestaltung: Abraxas Werbegrafik Karina Stieler, Augsburg
Layout: Bernd Walser Buchproduktion, München
Herstellung: Melanie Gradtke

AUGUSTUS VERLAG AUGSBURG 1999


Satz: Gesetzt aus 10,5 Punkt Weidemann in QuarkXPress von Bernd Walser Buchproduktion, München
Reproduktion: Repro Ludwig, Zell am See
Druck und Bindung: Appl, Wemding
Gedruckt auf 115g/m$^2$ umweltfreundlich chlorfrei gebleichtem Papier.
ISBN 3-8043-0536-9
Printed in Germany